U0186455

景宁苔藓植物

Bryophytes of Jingning

主　编

任昭杰　许元科
赵昌高　何海荣

ZHEJIANG UNIVERSITY PRESS

浙江大学出版社 | 全国百佳图书出版单位

·杭州·

图书在版编目（CIP）数据

景宁苔藓植物 / 任昭杰等主编. -- 杭州 : 浙江大学出版社，2022.11
ISBN 978-7-308-23165-7

Ⅰ．①景… Ⅱ．①任… Ⅲ．①苔藓植物－介绍－景宁畲族自治县 Ⅳ．①Q949.35

中国版本图书馆CIP数据核字(2022)第192143号

景宁苔藓植物

任昭杰　许元科　赵昌高　何海荣　主编

责任编辑	季　峥　伍秀芳
责任校对	潘晶晶
封面设计	浙信文化
出版发行	浙江大学出版社
	（杭州市天目山路148号　邮政编码　310007）
	（网址：http://www.zjupress.com）
排　　版	杭州林智广告有限公司
印　　刷	杭州宏雅印刷有限公司
开　　本	787mm×1092mm　1/16
印　　张	17.25
字　　数	294千
版 印 次	2022年11月第1版　2022年11月第1次印刷
书　　号	ISBN 978-7-308-23165-7
定　　价	298.00元

版权所有　翻印必究　印装差错　负责调换

浙江大学出版社市场运营中心联系方式：0571-88925591；http://zjdxcbs.tmall.com

《景宁苔藓植物》编辑委员会

主　任：彭伟明　刘海华

副主任：潘海莉　许元科　林　坚

委　员：张昌元　陈建明　刘日林　季必浩　张　辉　周天焕　张衢华

主　编：任昭杰　许元科　赵昌高　何海荣

副主编：何祖光　田雅娴　叶丽敏　侯建花　周建青

参编人员（按姓名拼音排序）：

陈　翊	陈郑露	程立波	何小明	季赛娟	金朝满	金民忠
赖桂玉	李　勇	廖瑜俊	林　坚	林秀君	林泽瑜	刘晶晶
刘景伟	刘卫荣	刘阳景	刘伊葭	毛必清	梅民敏	任晨骞
汪一洪	王宗琪	吴耀成	夏丽敏	徐端妙	徐洪锋	徐荣森
严冬丽	尤加撑	余丽慧	张冬青	张少华	张学鑫	章裕国
郑丽铭	郑丽智	郑伟仙	周　峰	周林明	周天焕	朱志柳

参编单位：浙江省丽水市生态环境局景宁分局

　　　　　浙江省景宁畲族自治县生态林业发展中心

　　　　　山东博物馆

　　　　　浙江省景宁畲族自治县经济商务科技局

序

PREFACE

　　从 2019 年至 2022 年初，景宁畲族自治县苔藓植物项目课题组对浙江省景宁畲族自治县（简称景宁）的苔藓植物进行了约 3 年的野外调查和室内研究工作，成果丰硕，共发现苔藓植物 83 科 204 属 490 种，包括苔类 33 科 55 属 152 种、角苔类 2 科 2 属 2 种、藓类 48 科 147 属 336 种。这本《景宁苔藓植物》即是对调查研究结果的生动展示。

　　本书以图鉴的形式，对其中的 73 科 146 属 227 种进行详细介绍，包括苔类 30 科 44 属 76 种、角苔类 1 科 1 属 1 种、藓类 42 科 101 属 150 种。每一个物种的介绍包括形态特征、生境、在景宁和全国的分布地、识别要点，并附以数幅野外照片、显微照片、手绘线条图。附录提供了完整的景宁苔藓植物名录。

　　本书有如下几个特点值得称道：第一，形态描述简洁、准确，讨论直击鉴定要点；第二，野外原色照片栩栩如生，显微照片展示主要特征（主要是叶形），便于在野外识别；第三，某些种类（如凤阳山耳叶苔、小疣毛藓、异齿藓等）的野外生境照片难得一见，非常有价值；第四，附录的景宁苔藓植物名录列举了凭证标本，对后续研究极为重要。

　　本书是基层林业工作者与行业专家合作的典范，介于专业志书与科普读物之间，图文并茂、设计精美，是人们了解景宁和周边地区苔藓植物难得的参考书，可供专业人士、自然教育从业者、学校师生、自然爱好者参考。

任昭杰是国内苔藓研究的后起之秀，基础扎实，工作认真，先后参与主编《山东苔藓志》和《昆嵛山苔藓志》等专著，具有较高的业务水平，期待他取得更多成果。

中国植物学会苔藓专业委员会主任
深圳市中国科学院仙湖植物园研究员

前　言

FOREWORD

　　景宁畲族自治县（简称景宁）位于浙江省西南部，是中国唯一的畲族自治县，也是华东地区唯一的民族自治县。景宁地处闽浙交界，东邻青田县、文成县，南衔泰顺县、福建寿宁县，西枕庆元县、龙泉市，北毗邻云和县，东北连丽水市莲都区。县域总面积1938.84 km²，林地面积1644.58 km²，其中乔木林面积1314.33 km²，竹林面积184.75 km²，其他林地面积145.50 km²。据第七次全国人口普查统计，全县常住人口11.1万人。

　　景宁属浙南中山区，地形复杂，海拔高低悬殊，地势呈西南向东北倾斜。县域内诸山属洞宫山脉，谷深坡陡，源短流急。海拔1000 m以上的山峰有779座，主要有上山头、山洋尖、白云尖、仰天湖等，其中上山头海拔1689.1 m，为全县最高峰。县域中部沿溪两岸有宽窄不等的河谷盆地，南部有海拔1000 m以上的高山小盆地。

　　景宁为中亚热带季风气候，温暖湿润，雨量充沛，四季分明，冬夏长，春秋短，热量资源丰富。据新近气象资料，2010—2020年，年平均气温18.0 ℃，年平均降水量1767.6 mm，年平均日照总时数1489.7 h。

　　景宁县域内河流分属瓯江和飞云江两大水系。县域内主要河流小溪属瓯江水系，全长124.6 km，主要支流有毛垟港、英川港、标溪港、梧桐坑、大赤坑、鹤溪、石门楼坑、门潭坑和大顺坑。县域南部大白坑等属飞云江水系，发源于上标林场白云林区。县域内河流多急流、落差大，水力资源相当丰富。

在植被带划分上，景宁属于中亚热带常绿阔叶林带北部亚地带，属浙闽山丘甜槠、木荷林植被区。县域内拥有望东垟高山湿地自然保护区（简称望东垟自然保护区）、大仰湖湿地群省级自然保护区（简称大仰湖自然保护区）和畲乡草鱼塘国家森林公园。

景宁优越的自然地理环境和气候条件，为野生动植物的生存繁衍提供了有力保障。县域内已知有蕨类41科305种（含种以下单位，下同），种子植物166科2163种。景宁植物多样性良好、资源丰富，是浙江省生物多样性典型县之一，其中国家一级重点保护野生植物有南方红豆杉（*Taxus wallichiana* var. *mairei*），国家二级重点保护野生植物有桧叶白发藓（*Leucobryum juniperoideum*）、伯乐树（*Bretschneidera sinensis*）、莼菜（*Brasenia schreberi*）、天台鹅耳枥（*Carpinus tientaiensis*）、福建柏（*Fokienia hodginsii*）、香果树（*Emmenopterys henryi*）、榧树（*Torreya grandis*）、厚朴（*Houpoea officinalis*）、鹅掌楸（*Liriodendron chinense*）、野大豆（*Glycine soja*）、七叶一枝花（*Paris polyphylla*）等，浙江省重点保护野生植物有景宁木兰（*Magnolia sinostellata*）、江南油杉（*Keteleeria fortunei* var. *cyclolepis*）等。国家二级重点保护野生植物天台鹅耳枥有350余株，为世界最大野生居群。

2020年，在景宁县经济商务科技局的支持下，景宁苔藓植物调查项目立项，首次对景宁苔藓植物资源进行全面详细的普查和研究。前期工作实际从2019年初开始，项目组成员走遍了全县21个乡镇（街道）、2个自然保护区和林业总场各分场，其中对望东垟自然保护区、大仰湖自然保护区、上山头及林业总场各分场进行了重点调查和采集，调查范围涵盖县域内各种生境。到2022年初，项目组共采集标本3000余号，拍摄生境照片6000余张，经整理鉴定，得出景宁苔藓植物83科204属490种，包括苔类植

物门33科55属152种、角苔类植物门2科2属2种、藓类植物门48科147属336种，发现疣毛藓属（*Leratia*）和拟小锦藓属（*Hageniella*）等浙江新记录属、种30多个。

为使公众更多更好地了解"不起眼的青苔"，我们决定将景宁丰富的苔藓植物资源以图鉴的形式展示出来。在涵盖尽量多类群的前提下，根据野外照片、显微照片拍摄情况以及标本鉴定的准确程度，我们最终选取了73科146属227种（分别占该区系总数的87.95%、71.57%和46.33%），其中苔类30科44属76种、角苔类1科1属1种、藓类42科101属150种。

我们用441张生境照片、245张显微照片和3幅手绘线图对选取的227个物种进行呈现；参照2009年Frey提出的系统对科进行排列，属、种按照字母顺序排列；对每个物种的主要鉴别特征进行描述，并对大部分物种肉眼或辅以放大镜可野外观察的特征进行讨论；给出每个物种的生境、在景宁的分布及在国内的主要分布范围。

本书收录的苔藓生境照片主要由任昭杰、许元科拍摄，浮苔（*Ricciocarpos natans*）照片由吴东浩提供；显微照片主要由田雅娴和任昭杰拍摄，尖叶油藓（*Hookeria acutifolia*）和陈氏藓（*Chenia leptophylla*）显微照片由黄正莉提供；手绘线图由任昭杰绘制。全部标本存放于山东博物馆。

在本项目实施和图书编写出版过程中，得到了赵遵田老师、贾渝老师、张力老师、吴玉环老师、何强老师、于宁宁老师、王庆华老师、马文章老师、韩国营老师、唐启明老师等专家的指导，赵奉熙老师在图片处理方面的帮助，浙江省丽水市生态环境局景宁分局、浙江省景宁畲族自治县生态林业发展中心、山东博物馆、浙江省景宁畲族自治县经济商务科技局、深圳市中国科学院仙湖植物园领导和同事的支持，以及景宁2021年

浙江省级生态环境保护专项资金的资助，在此一并表示衷心的感谢！

　　从街道两旁、城中小区到深山峡谷、陡峭崖壁，都有项目组成员的足迹。在雨后山涧丛林间，沐浴带有淡淡甜味的新鲜空气，啜饮清冽的山泉，抚摸纤细丝滑的苔藓，拍摄珍珠般水灵灵的苔藓孢蒴，采集没有采到过的物种，品尝晶莹香腻的家乡粽子，那是怎样的一种享受！有欢乐，就有烦恼：当抱着满怀的期望，走了好多路，爬了好多山，到实地却什么也没有，只能空手而回，怎会不惆怅、不失落？为了拍一张满意的照片，一次、两次、三次……往山上跑，多少的双休日、假期都去哪了？有付出就有收获，有辛苦就有快乐，三年苦乐，大家一起超额完成了项目，幸福感满满！希望您能和我们一起分享这种幸福，也希望本书能成为一条纽带，拉近您与苔藓的距离，让您领略它们"也学牡丹开"的精彩！

　　由于我们水平和时间有限，书中错误在所难免，敬请读者批评指正。

壬寅虎年仲夏端午

目 录
CONTENTS

CONTENTS

苔类植物门

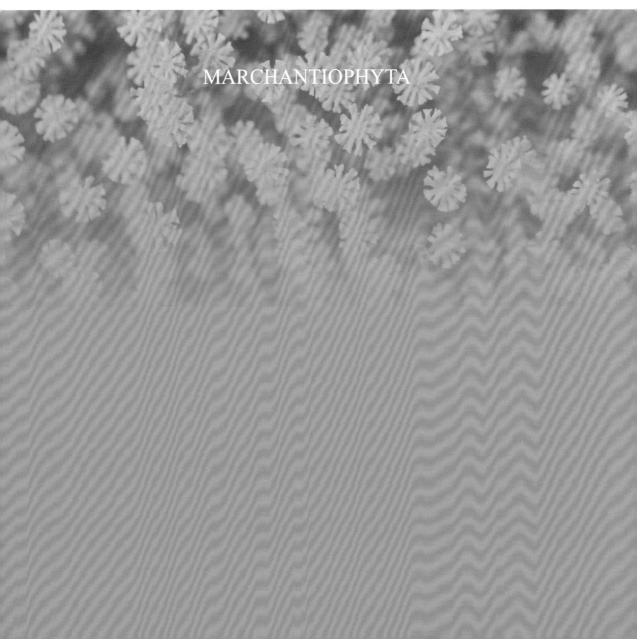

MARCHANTIOPHYTA

一、裸蒴苔科 Haplomitriaceae

圆叶裸蒴苔

Haplomitrium mnioides (Lindb.) R. M. Schust.

　　植物体形小，多鲜绿色，稀疏丛生。主茎匍匐，横走，呈根状；支茎直立，不分枝。叶稀疏，3列；侧叶较大，2列；腹叶较小，1列；叶椭圆形或近圆形，全缘，长大于宽，边缘有波纹。叶细胞六边形，较大，薄壁。蒴柄长，无色透明。孢蒴棕褐色，长椭圆形。

　　喜生于阴湿岩壁薄土上。

　　本种在景宁见于望东垟自然保护区白云保护站、鹤溪街道滩岭村等地。国内见于华南、华东和西南等温暖湿润地区。

　　本种植物体小，但叶较大，在没有孢子体的情况下，形似种子植物幼苗，在野外应仔细观察，以免错过。

拍摄于鹤溪街道滩岭村，示孢子体

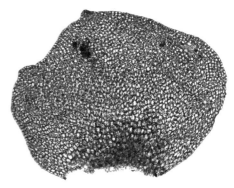

叶

拍摄于望东垟自然保护区白云保护站，示配子体

石地钱
Reboulia hemisphaerica (L.) Raddi

植物体大小中等至较大，叉状分枝。叶状体有气室和气孔分化，气室多层，气孔单一型；中肋界线不明显。腹面鳞片近半月形，带紫色，先端具1~3条狭披针形附片。多雌雄同株。雄生殖托无柄。雌生殖托半球形，边缘5~7深裂，托柄具1条假根沟。孢蒴近球形。

喜生于阴湿岩面。

本种在景宁境内分布较广，见于景宁林业总场各分场、石印山、大均乡新亭村、鹤溪街道滩岭村、九龙乡库坪村、毛垟乡红军古道等地。国内各省份均有分布。

本种质地较厚，腹面常带紫色，其雌生殖托形似海星，较易辨认。

上：拍摄于鹤溪街道滩岭村，红色箭头指尚未"长高"的雌生殖托，蓝色箭头指雄生殖托
中：拍摄于大均乡新亭村，示"长高"的雌生殖托
下：拍摄于石印山，黑色球体为孢蒴

三、蛇苔科 Conocephalaceae

蛇苔

Conocephalum conicum (L.) Dumort.

　　植物体形大，粗壮，常具光泽；叶状体背面有气室和气孔的分化，气室多边形，气孔单一型。腹面鳞片半月形，先端有1个椭圆形附片。雌雄异株。雄生殖托无柄。雌生殖托长圆锥形，边缘5~9浅裂，托柄较长。孢蒴不规则8瓣裂。

　　通常生于岩面、土表或岩面薄土上。

　　本种在景宁境内分布较广，见于景宁林业总场各分场、城区、村镇等地。国内各省份均有分布。

　　本种背面遍布多边形气室分格和圆形气孔，外观似蛇皮，易于辨认；另外，本种有一种清香的中药气味。

拍摄于红星街道岗石村，深色圆盘为雄生殖托

拍摄于景宁城区周边，示蛇皮状花纹

小蛇苔

Conocephalum japonicum (Thunb.) Grolle

叶状体大小中等或者较小，黄绿色至深绿色。叶状体有气室和气孔的分化，气室多边形，气孔单一型；边缘常着生无性芽胞。腹面鳞片深紫色。雌雄异株。雄生殖托圆盘状，无柄。雌生殖托具透明长托柄，托柄有假根沟。

通常生于阴湿岩面、土表或岩面薄土上。

本种在景宁境内分布较广，见于景宁林业总场各分场、城区、村镇等地。国内多见于华东、华中、华南、西南等地。

本种与蛇苔形似，但植物体明显较小，叶状体多生芽胞，且没有中药气味。

拍摄于鹤溪街道滩岭村，
示雌生殖托

拍摄于林业总场荒田湖分场，示配子体，叶状体边缘黄绿色颗粒为无性芽胞

四、地钱科 Marchantiaceae

楔瓣地钱东亚亚种

Marchantia emarginata Reinw., Blume & Nees subsp. *tosana* (Steph.) Bischl.

植物体大小中等或者较大，绿色至深绿色，叉状分枝。叶状体有气孔和气室的分化；有胞芽杯；边缘平展。腹面鳞片紫色。雌雄异株。雄生殖托深裂，裂瓣全缘或者略有缺刻，具长柄。雌生殖托深裂，5~10裂瓣，具长柄。

多生于阴湿的岩面或土表。

本种在景宁见于林业总场鹤溪分场、望东垟自然保护区等地，毛垟乡、大均乡垟坑村、鹤溪街道东弄村、扫口村、半垟村等村镇亦有分布。国内主要见于华南、华东、西南等地。

本种叶状体通常较窄，雌生殖托裂瓣的先端通常有缺刻，易于辨识。

上：拍摄于毛垟乡政府附近，示雌生殖托
下：拍摄于大均乡垟坑村，示配子体

拍摄于鹤溪街道滩岭村，示雄生殖托

粗裂地钱风兜亚种

Marchantia paleacea Betrol. subsp. *diptera* (Nees & Mont.) Inoue

　　植物体通常大形或者中等大小，较为粗壮，叉状分枝。叶状体有气孔和气室的分化；有胞芽杯；边缘常呈波状。腹面鳞片卵形或近圆形。雌雄异株。雌、雄生殖托均有柄，雄生殖托圆盘形，浅裂；雌生殖托 5~10 瓣裂，其中 2 个裂瓣明显较大，呈风兜状。

　　多生于阴湿的土表或岩面。

　　本种在景宁见于望东垟自然保护区渔际坑保护站、白云保护站和九龙乡库坪村。国内分布于华东、华中、华南和西南等地。

　　本种叶状体与地钱（*M. polymorpha*）相似，但其雌生殖托上的 2 只"招风耳"极易辨识。

拍摄于望东垟自然保护区渔际坑保护站，示雌生殖托

拍摄于望东垟自然保护区白云保护站，示配子体，着生于叶状体的"小碗"为胞芽杯

四、地钱科 Marchantiaceae

地钱

Marchantia polymorpha L.

植物体形大或者中等，粗壮，黄绿色至深绿色，多回叉状分枝。叶状体有气孔和气室的分化；有胞芽杯；边缘常呈波状。腹面鳞片弯月形，紫色。雌雄异株。雌、雄生殖托均有柄，雄生殖托圆盘形，浅裂；雌生殖托6~10深裂，裂瓣指状。

多生于阴湿的土表或岩面。

本种在景宁各处可见。国内各省份均有分布。

本种雌生殖托裂瓣指状辐射排列成伞骨状，特征极为明显。地钱为世界广布种，各版本《植物学》《生物学》教材都以它为代表来讲解苔类植物，是名副其实的"苔类课代表"。

上：拍摄于鹤溪街道滩岭村，示雌生殖托
中：拍摄于景宁城区，示雄生殖托
下：拍摄于景宁城区，示配子体

毛地钱

Dumortiera hirsuta (Sw.) Nees

　　植物体形大，偶尔中等大小，粗壮，通常暗绿色，叉状分枝。叶状体没有气孔和气室的分化；无胞芽杯；边缘经常波曲，有毛。雌雄异株或者同株。雄生殖托近无柄，圆盘形，边缘具硬毛。雌生殖托具长柄，圆盘形，有硬毛。孢蒴近球形。

　　多生于阴湿的土表或岩面。

　　本种在景宁见于林业总场各分场、村镇旁边山地。国内主要分布于长江以南各省份。

　　本种通常粗壮，植物体具毛，雌、雄生殖托的毛更明显，在野外易于辨认。

拍摄于石印山，示雌生殖托

拍摄于澄照乡三石村，示配子体

拍摄于鹤溪街道双后岗村，示雄生殖托

六、钱苔科 Ricciaceae

浮苔

Ricciocarpos natans (L.) Corda

　　植物体中等大小，通常较为肥厚，鲜绿色至暗绿色，叉状分枝，多呈圆盘状。叶状体背面中央有沟；腹面多生假根，且有紫红色鳞片；有气室分化，且较大。雌雄同株。雌、雄生殖器官均埋生于叶状体中。

　　漂浮于池沼或稻田的水面上，或附生于湿泥之上。

　　景宁见于大均乡和渤海镇。国内主要分布于东北、西北、西南、华东等地区。

　　本种喜生于含氮量较高的池沼中，漂浮于水面时极易辨认，贴生于湿泥上时易与钱苔属（*Riccia*）混淆。

叶状体腹面密生假根

拍摄于大均乡垟坑村

南溪苔

Makinoa crispata (Steph.) Miyake

　　植物体大形，粗壮，黄绿色至暗绿色。叶状体宽阔，不规则二叉状分枝；无气室和气孔分化；中肋宽阔，界线不明显；叶边全缘，波曲；腹面有较小的鳞片。蒴柄细长，透明；孢蒴长椭圆形。

　　喜生于阴湿的岩壁和石头上。

　　本种在景宁分布广泛，多见于林业总场各分场和各自然保护区，部分乡镇（街道）亦有分布。国内主要分布于长江以南各省份，山东、辽宁等亦有零星分布。

　　本种配子体与溪苔（*Pellia epiphylla*）相似。本种孢蒴长椭圆形，后者孢蒴球形，根据这一特点可区分二者，但在没有孢蒴的情况下，易混淆。

拍摄于林业总场鹤溪分场
驮呑头林区，示孢子体

拍摄于林业总场
荒田湖分场大浪
坑，示配子体

八、带叶苔科 Pallaviciniaceae

长刺带叶苔

Pallavicinia subciliata (Austin) Steph.

　　植物体中等大小，一般浅绿色至绿色。叶状体狭长带状，二叉状分枝；中肋明显，粗壮，但不及顶；边缘具3~6个细胞长的纤毛；腹面鳞片小。叶状体表皮细胞不规则六边形，薄壁。雌雄异株。蒴柄细长，孢蒴长圆柱形。

　　喜生于阴湿土表。

　　本种在景宁分布广泛，见于林业总场各分场和各自然保护区，大部分乡镇（街道）亦有分布。国内见于长江以南各省份。

　　本种植物体较为狭长，叶缘的纤毛较长，可用放大镜观察。

拍摄于鹤溪街道双后岗村，示配子体

拍摄于雁溪乡半溪村，示孢子体

溪苔
Pellia epiphylla (L.) Corda

　　植物体大形，粗壮，黄绿色至深绿色。叶状体通常叉状分枝；边缘波曲；中肋界线不明显。叶状体表面细胞较小，中部细胞薄壁，常具紫红色边缘；横切面中部约 10 层细胞厚，渐至边渐薄，叶边为单层细胞。雌雄同株。蒴柄细长，孢蒴球形。

　　喜生于阴湿岩面或流水石上。

　　本种在景宁分布广泛，见于林业总场各分场和各自然保护区，大部分乡镇（街道）亦有分布。国内见于东北、华北、华东、西北、西南和华南等地。

　　本种叶状体较大，较脆，通常会在瀑布下、溪流边巨石和滴水崖壁等处形成群落。

拍摄于鹤溪街道滩岭村，示孢子体

拍摄于林业总场鹤溪分场驮岙头林区，示配子体

九、溪苔科 Pelliaceae

花叶溪苔

Pellia endiviifolia (Dicks.) Dumort.

植物体大形，粗壮，绿色至深绿色。叶状体通常不规则叉状分枝；边缘波曲，老时常生有鹿角状芽枝；中肋界线不明显。叶状体表面细胞较小，中部细胞薄壁；横切面中部厚，渐至边渐薄，叶边为单层细胞。雌雄同株。雌苞杯状。

喜生于阴湿岩面或流水石上。

本种在景宁分布广泛，见于林业总场各分场和各自然保护区，大部分乡镇（街道）亦有分布。国内主要见于东北、西北和华东等地。

本种与溪苔类似，但雌苞为杯状，后者是袋状。另外，本种常生有鹿角状芽枝，像花边一样，特征明显。

拍摄于林业总场草鱼塘分场夫人坑，红色箭头所指为鹿角状芽枝，蓝色箭头所指为精子器

拍摄于大仰湖自然保护区夕阳坑

短萼狭叶苔

Liochlaena subulata (A. Evans) Schljakov

　　植物体形小至中等，黄绿色至绿色，有时带红色。茎匍匐至倾立，单一或分枝，不育株先端常呈鞭状，枝端和小叶边多生无性芽胞。叶长椭圆形或舌形，长明显大于宽，先端圆钝。叶细胞薄壁，三角体明显，常鼓起成节状。

　　喜生于林下腐木上，有时也生于岩面或土表。

　　本种在景宁分布较少，目前仅见于望东垟自然保护区白云保护站菱白塘。国内主要见于东北、华中、华东、西南等地。

　　本种不育株先端常具鞭状枝，枝端和小叶边多生无性芽胞，可用放大镜初步观察。

叶

拍摄于望东垟自然保护区白云保护站

十、叶苔科 Jungermanniaceae

南亚被蒴苔

Nardia assamica (Mitt.) Amakawa

植物体形小，绿色至深绿色，有时褐绿色。茎匍匐，一般不分枝。侧叶卵圆形或肾形，先端钝，略反曲；叶细胞近六边形，薄壁，通常平滑，有时具细疣，三角体不明显或者缺失。腹叶较大，阔三角形，先端钝。

喜生于林下岩面或土表。

本种在景宁分布较少，目前仅见于上山头。国内主要见于长江以南各省份，辽宁亦有分布。

本种植物体较小，常与其他种类混生，易被忽略。

上：砂土生群落，拍摄于上山头
下：拍摄于上山头

疣萼小萼苔
Mylia verrucosa Lindb.

拍摄于鹤溪街道严村

　　植物体较小，黄绿色。茎匍匐，少分枝。侧叶覆瓦状斜列着生，长椭圆形，背侧略卷，基部常生假根，叶边全缘；腹叶较小，狭长，有时不明显。叶细胞六边形，薄壁，三角体明显呈节状加厚，细胞壁具细疣。

　　喜生于岩面薄土或腐殖质上。

　　本种在景宁见于鹤溪街道严村、毛垟乡和少年宫等地。国内主要分布于东北、华北和华东等地区。

　　本种植物体较小，外形类似羽苔属（*Plagiochila*）植物。

十二、全萼苔科 Gymnomitriaceae

高山钱袋苔

Marsupella alpina (Gottsche ex Husn.) Bernet

　　植物体形小至中等，硬挺，黄绿色到绿色，常带褐色。茎直立或倾立，有分枝。叶覆瓦状排列，宽卵形或近圆形，先端2裂，裂至叶长的1/4处；裂瓣等大，先端钝，裂口通常为钝角；叶边平展，或略内卷。叶细胞圆方形，薄壁，三角体大而明显。

　　喜生于高海拔林下潮湿岩面。

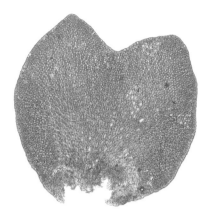

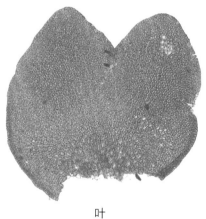

叶

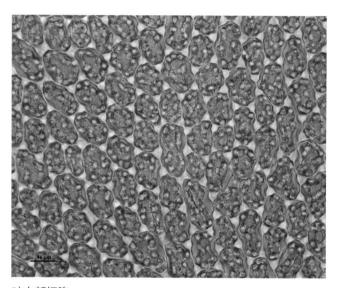

叶中部细胞

拍摄于景南乡上山头

　　本种在景宁仅见于上山头。国内见于东北、华东和西南等地区。

　　本种矮小，叶片覆瓦状排列，且先端2裂，可用放大镜初步判断。

钝叶护蒴苔

Calypogeia neesiana (C. Massal. & Carest.) K. Müller ex Loeske

拍摄于大仰湖自然
保护区善辽林区

侧叶

植物体

　　植物体形小至中等，柔弱，淡绿色。茎匍匐，分枝较少。侧叶覆瓦状排列，宽卵形，不对称，长与宽近相等，先端圆钝。腹叶较大，宽通常为茎宽的2~3倍，阔卵形，先端2浅裂或者全缘。叶细胞多边形，薄壁。

　　喜生于林下阴湿土表或腐木上。

　　本种在景宁见于望东垟自然保护区茭白塘、大仰湖自然保护区善辽林区和上山头等地。国内主要见于东北、华东和西南等地区，甘肃亦有报道。

　　本种侧叶先端圆钝，且无齿，用放大镜可初步判断。

十三、护蒴苔科 Calypogeiaceae

双齿护蒴苔

Calypogeia tosana (Steph.) Steph.

　　植物体形小，柔弱，苍白绿色至绿色。茎匍匐，通常分枝较少或不分枝。侧叶覆瓦状排列，阔卵形或三角状卵形，先端浅裂。腹叶较大，宽为茎宽的2~3倍，宽卵形，先端2深裂；裂瓣三角形，先端钝，外侧多具粗齿。叶细胞多边形，薄壁，具疣或平滑。芽胞由2个细胞组成。

　　喜生于林下潮湿土表或岩面。

　　本种在景宁分布较广，见于各自然保护区、林业总场各分场林区，部分乡镇（街道）亦有分布。国内主要分布于长江以南各省份。

　　本种侧叶先端浅裂成2齿状，可用放大镜观察，是该属在景宁分布最多的种类。

土生群落，与东亚拟鳞叶藓
（*Pseudotaxiphyllum pohliaecarpum*，
红褐色）混生，拍摄于毛垟乡

近距离特写，拍摄于石印山

东亚对耳苔

Syzygiella nipponica (S. Hatt.) K. Feldberg

　　植物体中等大小，绿色。茎匍匐，通常不分枝。叶椭圆形或阔卵形，先端钝或略内凹，背基角略下延。叶细胞圆方形或长圆方形，基部细胞较长，薄壁，三角体明显，且呈节状；角质层具疣。蒴萼梨形，直立。

　　喜生于林下潮湿岩面或土表。

　　本种在景宁仅见于上山头。国内主要见于华东、华中和西南等地区。

　　本种与叶苔科植物相似，野外易混淆。

叶

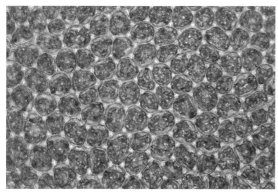

叶中部细胞，三角体明显

拍摄于上山头

十五、挺叶苔科 Anastrophyllaceae

全缘褶萼苔
Plicanthus birmensis (Steph.) R. M. Schust

植物体中等大小至较大，较为硬挺，黄绿色至绿色。茎匍匐，分枝，有时有鞭状枝。侧叶3深裂，裂瓣长三角形，裂瓣基部两侧具齿，边缘反曲。腹叶2深裂，裂瓣三角形，裂瓣基部两侧具齿。叶细胞多边形，厚壁，三角体明显。

喜生于林下潮湿岩面或土表。

本种在景宁见于大仰湖自然保护区善辽林区、望东垟自然保护区渔际坑保护站和上山头等地。国内见于长江以南各省份，辽宁也有分布。

本种植物体较大且硬挺，先端倾立，侧叶3裂，用放大镜可在野外初步判断。

上：石生群落，拍摄于望东垟自然保护区渔际坑保护站
下：拍摄于上山头

叶尖部细胞

叶

薄壁大萼苔

Cephalozia otaruensis Steph.

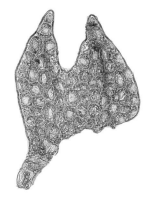

叶

植物体形小，偶中等大小，黄绿色至绿色。茎匍匐，不规则分枝或不分枝，假根较少。侧叶近圆形，2裂至叶长的一半以上，开口角度小于45°；裂瓣三角形，先端尖锐。腹叶退化。叶细胞较大，多边形，薄壁，平滑。

喜生于林下腐木或湿土上。

本种在景宁见于望东垟自然保护区茭白塘、林业总场草鱼塘分场菖蒲湖、荒田湖分场大浪坑等地。国内见于华东、华中、华南和西南等地区。

本种植物体形小，常与其他种类混生，夹杂于大群落之中，容易被忽略。

植物体

拍摄于林业总场荒田湖分场大浪坑

十六、大萼苔科 Cephaloziaceae

无毛拳叶苔

Nowellia aciliata (P. C. Chen & P. C. Wu) Mizut.

拍摄于望东垟自然保护区白云保护站

　　植物体形小，柔弱，绿色，往往带棕色、红色，有光泽。茎匍匐，不规则分枝，分枝较少。叶卵圆形，叶边强烈内卷、全缘，先端2裂；裂瓣三角形，先端圆钝。叶细胞多边形或圆多边形，厚壁，平滑。

　　喜生于林下阴湿岩面或岩面薄土上。

　　本种在景宁见于望东垟自然保护区茭白塘、林业总场草鱼塘分场菖蒲湖等地。国内分布于华东、华中和华南地区。

　　本种颜色往往较为艳丽且有光泽，叶先端2裂，裂瓣先端圆钝，可用放大镜初步判断。

拳叶苔
Nowellia curvifolia (Dicks.) Mitt.

植物体形小，柔弱，绿色，往往带棕色、红色，略具光泽。茎匍匐，不规则分枝，分枝少。叶近卵圆形，叶边强烈内卷、全缘，先端2裂；裂瓣三角形，先端具毛状尖。叶细胞多边形，厚壁，平滑。

喜生于林下阴湿岩面或岩面薄土上。

本种在景宁见于望东垟自然保护区白云保护站、大仰湖自然保护区善辽林区、林业总场草鱼塘分场菖蒲湖和夫人坑等林区。国内主要分布于东北、华东、华中、西南和华南等地。

本种与无毛拳叶苔类似，本种叶先端2裂，且裂瓣先端为毛尖状，可区别于后者，这一特征用放大镜可观察。

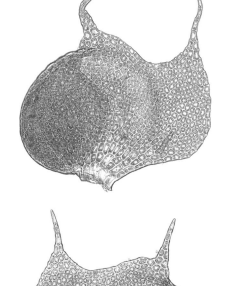

植物体一段　　　　　　　　　　叶

拍摄于林业总场草鱼塘分场夫人坑

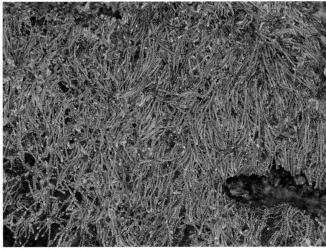

腐木生群落，拍摄于大仰湖自然保护区善辽林区

十六、大萼苔科 Cephaloziaceae

合叶裂齿苔

Odontoschisma denudatum (Mart.) Dumort.

植物体形小，黄绿色至深绿色，有时带棕色、红色。茎匍匐，单一，偶分枝，有鞭状枝；芽胞生于鞭状枝顶端。叶近圆形，叶边全缘，强烈内凹。腹叶退化。叶细胞多边形，角隅强烈加厚，三角体明显，且加厚成节状。

喜生于林下腐木或阴湿岩面。

本种在景宁见于林业总场草鱼塘分场菖蒲湖和夫人坑、望东垟自然保护区白云保护站、大仰湖自然保护区大仰湖附近等地。国内见于华东和华南地区。

本种植物体较小，颜色艳丽，芽胞在鞭状枝顶呈球状，肉眼便可观察。

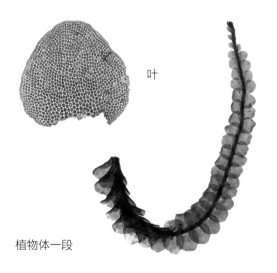

叶

植物体一段

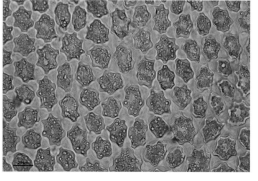

上：腐木生群落，拍摄于望东垟自然保护区白云保护站
中：拍摄于望东垟自然保护区白云保护站
下：叶中部细胞，示明显呈节状的三角体

弯瓣筒萼苔

Cylindrocolea recurvifolia (Steph.) Inoue

　　植物体形小，黄绿色至深绿色。茎下部匍匐，上部倾立，不规则分枝，通常具鞭状枝。侧叶2裂，可裂至叶长一半；裂瓣不等大，全缘，先端圆钝。腹叶缺失。叶细胞圆六边形，细胞壁较厚，三角体不明显。

　　喜生于林下潮湿岩面。

　　本种在景宁见于望东垟自然保护区、大仰湖自然保护区及上山头和雁溪乡半溪村等地。国内主要分布于华东地区，湖南和云南亦有分布。

　　本种植物体较小，常在潮湿岩面上形成小群落，多生有鞭状枝，侧叶2裂，裂瓣先端圆钝，可用放大镜初步判断。

植物体一段

石生群落，拍摄于上山头

拍摄于雁溪乡半溪村

十八、折叶苔科 Scapaniaceae

尖瓣折叶苔

Diplophyllum apiculatum (A. Evans) Steph.

植物体形小，黄绿色。茎匍匐，不分枝或者稀疏分枝。叶折合状；背瓣小，椭圆形，先端尖锐，具齿；腹瓣大，椭圆形，先端尖锐，具齿。叶细胞多边形，厚壁，具疣，三角体不明显。通常有芽胞，由1~2个细胞组成。

喜生于林下潮湿岩面。

本种在景宁分布较少，目前仅见于大仰湖自然保护区善辽林区。国内主要分布于华东、西南地区。

本种叶片类似于合叶苔属（*Scapania*）的部分种类，但较狭长且基部抱茎，可用放大镜进行初步辨别。

拍摄于大仰湖自然保护区善辽林区

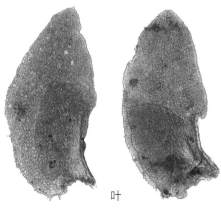

叶

植物体一段

刺边合叶苔
Scapania ciliata Sande Lac.

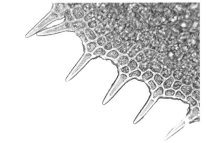

植物体中等大小，绿色，有时带红褐色。茎直立，单一或叉状分枝。叶折合状，背脊长约为腹瓣长的1/3；背瓣小，腹瓣大，二者均为卵形，先端圆钝；叶边具透明刺状齿。叶细胞圆多边形，具疣，有三角体。通常有芽胞，2个细胞组成。

喜生于林下腐木或潮湿岩面上。

本种在景宁见于望东垟自然保护区和林业总场荒田湖分场、草鱼塘分场等地。国内主要分布于长江以南地区，甘肃亦有分布。

本种植物体中等大小，叶边刺状齿较长且透明，可用放大镜初步判断。

上：叶边缘，示毛状刺齿
中：拍摄于望东垟自然保护区渔际坑保护站，示孢子体
下：拍摄于林业总场草鱼塘分场夫人坑，示配子体，叶边具明显的刺齿

石生群落，拍摄于望东垟自然保护区白云保护站

十八、折叶苔科 Scapaniaceae

柯氏合叶苔

Scapania koponenii Potemkin

　　植物体中等大小，绿色，有时带紫红色。茎直立，有分枝。叶折合状，背脊长约为腹瓣长的1/2；背瓣小，腹瓣大，二者均为卵形，先端较钝；叶边具不规则齿，齿由1~3个细胞组成。叶细胞厚壁，具疣，有三角体。有芽胞，通常由2个细胞组成。

　　通常生于林下潮湿岩面或腐木上。

　　本种在景宁见于望东垟自然保护区、林业总场各分场及上山头等地。国内见于浙江、福建、广东、湖南和贵州等省份。

　　本种是合叶苔属在景宁最常见的种类。

拍摄于上山头

石生群落，拍摄于上山头

叶

斜齿合叶苔
Scapania umbrosa (Schrad.) Dumort.

拍摄于望东垟自然保护区

　　植物体形小，黄绿色，有时带褐色。茎直立，通常较为硬挺，未见分枝。叶折合状，背脊长为腹瓣长的1/3~1/2；背瓣小，腹瓣大，二者均为长卵形，先端阔急尖；叶边有齿，齿长1~4个细胞，基部宽2~3个细胞。叶细胞圆多边形，厚壁。有芽胞，由2个细胞组成。

　　喜生于林下阴湿岩面。

　　本种在景宁仅见于望东垟自然保护区。国内主要分布于江西、湖南、四川、浙江等省份。

合叶苔

Scapania undulata (L.) Dumort.

拍摄于上山头

植物体较为粗壮、硬挺，通常中等大小，绿色，常带紫红色。茎直立，单一或分枝。叶折合状，背脊长为腹瓣长的1/3~1/2；背瓣小，腹瓣大，二者均为卵形至长卵形，先端钝尖；叶边多全缘，偶有小齿。叶细胞通常薄壁，三角体不明显。有芽胞，由2个细胞组成。

喜生于林下潮湿岩面。

本种在景宁仅见于上山头。国内主要分布于华东、西南和华南等地区，甘肃亦有分布。

本种较为粗壮，颜色艳丽。

绒苔

Trichocolea tomentella (Ehrh.) Dumort.

植物体中等大小至大形，颜色通常较浅，淡绿色或黄绿色。茎匍匐，不规则羽状分枝或2~3回羽状分枝。侧叶4深裂，可达近基部，裂瓣边缘具纤毛，纤毛由单列细胞组成；腹叶与侧叶近同形，略小。叶细胞多为长方形，透明，薄壁。

喜生于林下岩面或土表。

本种在景宁见于望东垟自然保护区、大仰湖自然保护区、林业总场荒田湖分场和草鱼塘分场以及英川镇外处岙村等地。国内主要见于华东、华南、华中、东北、西北和西南等地区。

本种植物体优美，且有"毛茸茸"的质感，叶片细裂，野外易于辨认。

拍摄于英川镇外处岙村

石生群落，拍摄于林业总场草鱼塘分场夫人坑

拍摄于大仰湖自然保护区善辽林区，湿润状态

二十、指叶苔科 Lepidoziaceae

日本鞭苔

Bazzania japonica (Sande Lac.) Lindb.

植物体中等大小，黄绿色，有时带红褐色。茎匍匐，先端通常斜生，叉状分枝，多具鞭状枝。侧叶卵形，多偏曲，先端3裂，裂瓣三角形。腹叶不透明，近圆方形，先端有不规则细齿。叶细胞椭圆形至多边形，细胞厚壁，三角体小，明显。

喜生于岩面、土表或腐木上。

本种在景宁见于林业总场荒田湖分场大浪坑、上山头、鹤溪街道扫口村和英川镇岗头村等地。国内主要分布于长江以南各省份。

拍摄于上山头

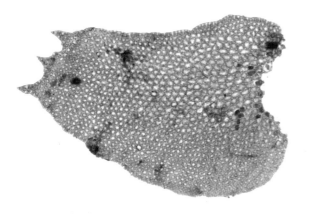

侧叶

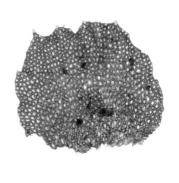

腹叶

白边鞭苔

Bazzania oshimensis (Steph.) Horik.

植物体中等大小，黄绿色，带褐色。茎匍匐，先端通常斜生，叉状分枝，多具鞭状枝。侧叶长卵形，多偏曲，先端3裂，裂瓣三角形。腹叶透明，长方形，长明显大于宽，先端有不规则齿突。叶细胞圆方形，薄壁，三角体明显，略呈节状。

喜生于阴湿土坡或岩面薄土上。

本种在景宁分布较少，目前仅见于望东垟自然保护区白云保护站。国内分布于西南、华南和华东等地区。

本种外形与三裂鞭苔（*B. tridens*）类似，但腹叶长明显大于宽。

侧叶

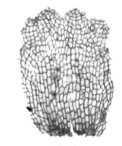

腹叶

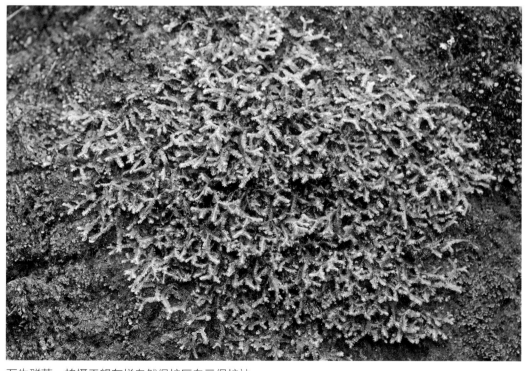

石生群落，拍摄于望东垟自然保护区白云保护站

二十、指叶苔科 Lepidoziaceae

三裂鞭苔

Bazzania tridens (Reinw., Blume & Nees) Trevis.

　　植物体中等大小，黄绿色至暗绿色，有时带褐色。茎匍匐，先端通常斜生，叉状分枝，多具鞭状枝。侧叶长卵形，多偏曲，先端3裂，裂瓣三角形。腹叶透明，近方形，先端有不规则齿突，长与宽近相等。叶细胞圆方形，厚壁，三角体小。

　　喜生于阴湿土坡或岩面薄土上。

　　本种在景宁分布广泛，各自然保护区、林业总场各分场、各乡镇（街道）均可见。国内主要分布于东北、华东、华中、西南和华南等地区。

　　本种是鞭苔属（*Bazzania*）在景宁最常见的种，也是该属在国内分布最广的种，植物体大小、颜色及叶形等均富于变化。

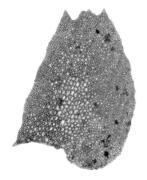

侧叶

腹叶

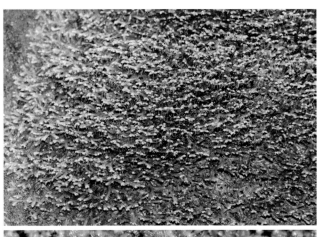

上：石生群落，拍摄于望东垟自然保护区白云保护站
下：拍摄于上山头

鞭苔

Bazzania trilobata (L.) S. Gray

植物体粗壮，中等大小至较大，黄绿色至褐绿色。茎匍匐，先端通常斜生，叉状分枝，多具鞭状枝。侧叶三角状卵形，先端3裂，裂瓣三角形。腹叶不透明，圆方形，先端不规则裂，裂瓣边缘通常有齿。叶细胞圆方形，三角体较小。

喜生于阴湿土坡或岩面薄土上。

本种在景宁分布较少，目前仅见于上山头。国内主要分布于华中、华东和西南地区。

本种植物体较为粗壮，腹叶先端明显不规则裂，在野外可将植物体翻过来，用放大镜观察腹叶，做初步判断。

拍摄于上山头

侧叶

腹叶

二十、指叶苔科 Lepidoziaceae

东亚指叶苔

Lepidozia fauriana Steph.

植物体纤细，黄绿色至绿色，有光泽。茎匍匐，先端常倾立，不规则羽状分枝，枝条先端渐细，常呈鞭状。侧叶近方形，先端3~4裂达叶的一半；裂瓣狭长三角形，先端尖锐。腹叶比茎窄，4裂。叶细胞多边形，薄壁，无三角体。

喜生于林下腐木或潮湿岩面。

本种在景宁见于望东垟自然保护区白云保护站、林业总场草鱼塘分场和荒田湖分场、上山头、红星街道大吴山村等地。国内主要分布于华东、华南和西南等地，吉林亦有分布。

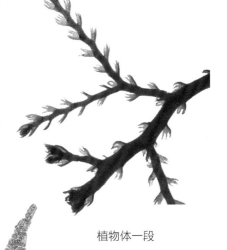

植物体一段

侧叶

拍摄于红星街道
大吴山村

硬指叶苔

Lepidozia vitrea Steph.

植物体纤细，黄绿色至绿色，有光泽。茎匍匐，先端常倾立，不规则羽状分枝。侧叶近方形，内凹，先端3~4裂达叶的一半；裂瓣狭长三角形，先端尖锐，内曲。腹叶比茎窄，4裂。叶细胞多边形，薄壁，无三角体。

喜生于林下腐木或潮湿岩面。

本种在景宁较为常见，在望东垟自然保护区、林业总场荒田湖分场和草鱼塘分场等地有分布，个别乡镇（街道）亦有分布。国内主要分布于华东、华中和华南地区。

本种与东亚指叶苔外形类似，需用显微镜观察才能辨别：本种侧叶裂瓣基部通常2~3个细胞宽，后者2个；本种侧叶裂瓣通常6~7个细胞长，后者5~6个。

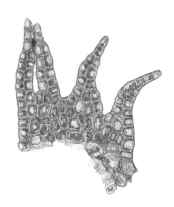

侧叶

腹叶

拍摄于望东垟自然保护区白云保护站

在瀑布边的阴湿岩面形成大片群落，拍摄于望东垟自然保护区白云保护站

二十一、剪叶苔科 Herbertaceae

长角剪叶苔

Herbertus dicranus (Taylor) Trevis.

植物体大形或中等，黄褐色至红褐色。丛集生长，茎通常较为硬挺，叉状分枝，通常有鞭状枝。叶片覆瓦状排列，2深裂，通常达叶的1/2~3/5；裂瓣狭长披针形，弯曲，先端渐尖，基盘卵形，通常全缘。腹叶与侧叶同形，较小。叶细胞薄壁，三角体明显，节状加厚。

喜生于树干或岩面。

本种在景宁见于望东垟自然保护区、大仰湖自然保护区、林业总场草鱼塘分场和上山头等。国内见于华东、华中、西南和华南等地区。

本种多生在高海拔林区，植物体较大，多红褐色，有鞭状枝，叶2深裂，易辨识。

树生群落，拍摄于上山头

拍摄于望东垟自然保护区白云保护站

侧叶

腹叶

裸茎羽苔

Plagiochila gymnoclada Sande Lac.

植物体较大，通常较为粗壮，黄绿色，带棕褐色。丛集生长，茎直立，分枝较少。叶宽卵圆形，叶缘有齿，顶端齿较长，齿长可达7~8个细胞。腹叶退化。叶细胞椭圆形或圆多边形，细胞壁略厚，三角体明显。蒴萼筒形，口部有齿。

喜生于林下岩面或树干上。

本种在景宁见于望东垟自然保护区、大仰湖自然保护区、林业总场荒田湖分场和上山头等地。国内分布于华东、华中、西南和华南等地区。

本种植物体较大，叶边齿多且长，可用放大镜初步判断。

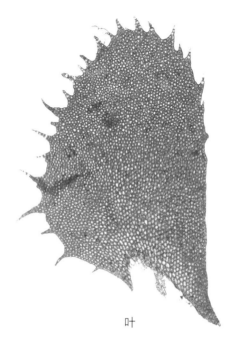

叶

拍摄于大仰湖自然保护区大仰湖附近

齿萼羽苔

Plagiochila hakkodensis Steph.

　　植物体中等大小，绿色，常带棕褐色。丛集生长，茎直立，通常单一，或稀少分枝。叶宽圆形，平展，叶缘有齿，齿通常较短，长1~3个细胞。腹叶退化。叶细胞椭圆形或圆多边形，细胞体略厚，三角体明显。蒴萼短筒形，口部有齿。

　　喜生于林下岩面或树干上。

　　本种在景宁分布较少，目前仅见于林业总场草鱼塘分场夫人坑。国内主要分布于华东、华中和西南地区，陕西和内蒙古亦有分布。

叶　　　　　　　　　　叶细胞，示明显三角体

拍摄于林业总场草鱼塘分场夫人坑

卵叶羽苔
Plagiochila ovalifolia Mitt.

植物体中等大小，有时较小，黄绿色至深绿色，有时带棕褐色。茎直立，有分枝。叶卵形、阔卵形或长卵形，背缘略内卷，叶缘具齿，齿长3~5个细胞，有时更长。叶细胞长椭圆形，细胞薄壁，三角体小。蒴萼长筒形，口部有齿。

喜生于林下岩面、腐木或树干上。

本种在景宁见于望东垟自然保护区、林业总场荒田湖分场和大际分场、上山头、英川镇等地。本种是该属在我国分布最广的种类，几乎见于所有省份。

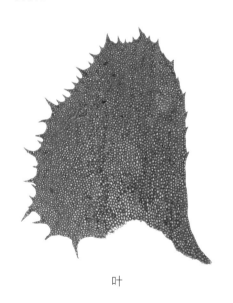

叶

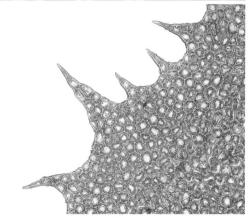

上：石生群落，拍摄于上山头
中：拍摄于英川镇岗头村
下：叶边缘细胞

二十二、羽苔科 Plagiochilaceae

圆头羽苔

Plagiochila parvifolia Lindenb.

植物体中等大小，较为粗壮。茎二叉状分枝。叶常掉落，近茎顶端叶几乎全落，落叶可进行无性繁殖；叶背缘长下延，基部扩大成翼状；先端平截，具齿，齿长2~5个细胞。腹叶通常较小，2裂，边缘具细长齿。叶细胞椭圆形，薄壁，三角体大而明显。

喜生于林下岩面、腐木或树干上。

本种在景宁见于林业总场草鱼塘分场桃树蒲、毛垟乡、英川镇香炉山和雁溪乡柘垟村等地。国内主要分布于华东、华南、华中和西南等地。

本种叶背缘长下延，叶形特殊，显微镜下易观察。

拍摄于雁溪乡柘垟村

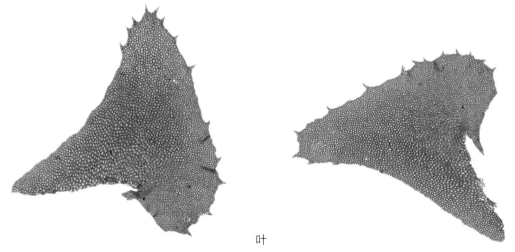

叶

美姿羽苔

Plagiochila pulcherrima Horik.

　　植物体中等大小至较大，较为粗壮，绿色，常带棕褐色。茎硬挺，树形分枝，生有鞭状枝。叶疏生，背缘略内卷，叶缘有少数粗齿。腹叶通常退化。叶细胞长椭圆形，细胞薄壁，三角体明显。蒴萼钟形，口部有齿。

　　喜生于林下岩面、枯枝或树干上。

　　本种在景宁见于望东垟自然保护区和大仰湖自然保护区。国内分布于长江以南各省份。

　　本种树状分枝，呈孔雀开屏状，常形成大片群落，易于辨认。

叶

上：石生群落，拍摄于望东垟自然保护区白云保护站
下：拍摄于望东垟自然保护区白云保护站

二十二、羽苔科 Plagiochilaceae

延叶羽苔

Plagiochila semidecurrens (Lehm. & Lindenb) Lindenb.

树生群落，拍摄于上山头　　　　拍摄于上山头　　　　叶基部细胞，示明显的假肋

　　植物体中等大小至较大，绿色至深绿色，带棕褐色。茎硬挺，分枝较少。叶长椭圆形，叶缘具密齿，齿长可达7个细胞，背缘常内卷，基部下延。叶细胞长椭圆形，叶基部中央由数列狭长细胞组成假肋。蒴萼倒卵形，口部有齿。

　　喜生于林下岩面或树干上。

　　本种在景宁见于望东垟自然保护区茭白塘、林业总场荒田湖分场和上山头等地。国内主要分布于长江以南各省份，陕西亦有分布。

　　本种假肋明显，显微镜下易观察。

叶

裂萼苔

Chiloscyphus polyanthos (L.) Corda

植物体中等大小至较大，通常较粗壮，黄绿色至绿色。茎匍匐，单一或不规则分枝。叶斜生于茎上，圆方形，先端圆钝，叶边平滑；腹叶较小，与茎同宽，近方形，2裂达叶的1/2~2/3；裂瓣三角形，两侧均具齿。叶细胞圆多边形，三角体小。

喜生于林下潮湿岩面或土表。

本种在景宁见于林业总场荒田湖分场大浪坑、大际分场猪栏坑和场部附近。国内分布于大部分省份。

侧叶

植物体一段

拍摄于林业总场荒田湖分场大浪坑

二十三、齿萼苔科 Lophocoleaceae

四齿异萼苔

Heteroscyphus argutus (Reinw., Blume & Nees) Schiffn.

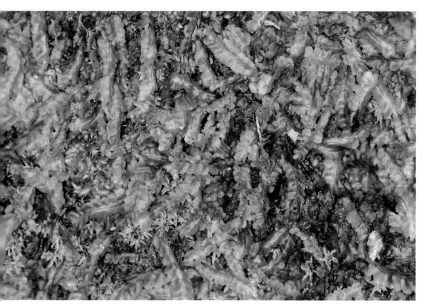

拍摄于鹤溪街道双后岗村

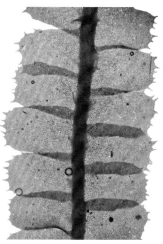

植物体一段

植物体通常中等大小，黄绿色至绿色。茎匍匐，通常不规则分枝。侧叶长圆方形，先端近平截或圆钝，有4~10枚齿；腹叶较小，2深裂，两侧边缘近基部各具1枚粗齿。叶细胞通常为六边形，无三角体。

喜生于林下岩面、土表、腐木或树干上。

本种在景宁较为常见，广泛分布于各自然保护区、林业总场各分场以及各乡镇（街道）的山区。国内主要分布于长江以南各省份。

本种侧叶先端平截或圆钝，有较多的齿，用放大镜可初步判断。

侧叶

双齿异萼苔

Heteroscyphus coalitus (Hook.) Schiffn.

植物体通常中等大小，黄绿色至绿色，有时带棕褐色。茎匍匐，通常不规则分枝。侧叶近长方形，叶边全缘，先端平截，2角各具1齿；腹叶较大，宽通常为茎宽的2~3倍，先端有4~6齿。叶细胞多边形，细胞薄壁，无三角体。

喜生于林下岩面、土表、腐木或树干上。

本种在景宁较为常见，广泛分布于各自然保护区、林业总场各分场以及各乡镇（街道）的山区。国内主要分布于长江以南各省份，黑龙江和河南也有分布。

本种侧叶先端平截，具2个明显的角齿，用放大镜可初步判断。

侧叶

腹叶

拍摄于红星街道大吴山村

侧叶尖部细胞

石生群落，拍摄于英川镇岗头村

二十三、齿萼苔科 Lophocoleaceae

平叶异萼苔

Heteroscyphus planus (Mitt.) Schiffn.

　　植物体中等大小或较大，黄绿色至绿色。茎匍匐，通常稀疏不规则分枝。侧叶近长方形，叶边全缘，先端平截，具2~5枚齿；腹叶小，2裂可达叶的一半，裂瓣狭长披针形，两侧边缘各具1齿。叶细胞近六边形，细胞壁略厚，三角体不明显。

　　喜生于林下岩面、土表、腐木或树干上。

　　本种在景宁较为常见，广泛分布于各自然保护区、林业总场各分场以及各乡镇（街道）的山区。国内主要分布于长江以南各省份，吉林亦有分布。

　　本种叶形与四齿异萼苔相似，但本种侧叶先端齿较少，可用放大镜初步判断。

植物体一段，示蒴萼　　　　　　　　　　　侧叶

拍摄于渤海镇小溪村门前坑

柔叶异萼苔

Heteroscyphus tener (Steph.) Schiffn.

植物体较大，黄绿色至绿色，有时带棕褐色。茎匍匐，有时先端上升，单一或者稀疏分枝。侧叶较大，柔软，近圆形，内凹，先端圆钝，叶边全缘。腹叶较大，近圆形，先端钝或微凹。叶细胞多边形，细胞薄壁，三角体明显，呈节状。

喜生于林下岩面、土表或树干上。

本种在景宁分布较少，仅见于大仰湖自然保护区。国内分布于华东、华南和西南地区。

本种植物体较粗壮；叶较大，内凹，密集覆瓦状排列，使植物体呈膨大的圆柱状，易于辨识。

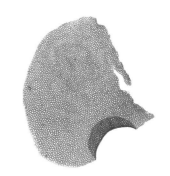

侧叶

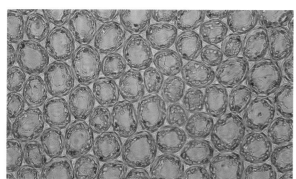

叶细胞，示节状加厚的三角体

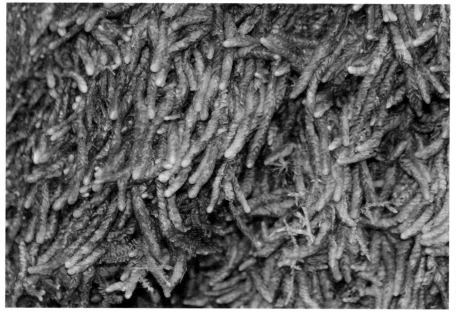

拍摄于大仰湖自然保护区善辽林区

多瓣苔

Macvicaria ulophylla (Steph.) S. Hatt.

植物体中等大小，绿色至暗绿色，常带棕黄色。茎匍匐，不规则分枝。侧叶背瓣卵形，先端圆钝，叶边全缘，强烈波状卷曲；腹瓣舌形，先端圆钝，叶边强烈波状卷曲。腹叶椭圆形，先端圆钝，叶边全缘，强烈波状卷曲。叶细胞圆多边形，薄壁，三角体小。

喜生于树干或岩面。

本种在景宁见于望东垟自然保护区、雁溪乡和毛垟乡等林地。国内主要分布于华东、华中和西南地区，黑龙江和内蒙古亦有分布。

本种叶片强烈波状卷曲，像"烫发"一样，野外易于辨识。

拍摄于雁溪乡柘垟村

较为干燥状态下的树生群落，拍摄于望东垟自然保护区科普馆

丛生光萼苔心叶变种

Porella caespitans (Steph.) S. Hatt. var. *cordifolia* (Steph.) S. Hatt. ex T. Katagiri & T. Yamag.

植物体中等大小至较大，通常较为粗壮，绿色，带棕褐色。茎匍匐，先端略倾立，2回羽状分枝。侧叶背瓣阔卵形或心形，叶边全缘；腹瓣长舌形，全缘，先端钝。腹叶舌形，先端钝，常具2短齿，基部下延部分常具齿。叶细胞圆方形，薄壁，具明显三角体。

喜生于岩面或土表。

本种在景宁见于望东垟自然保护区白云保护站和林业总场荒田湖分场大浪坑。国内主要分布于华东、华中和西南地区。

丛生光萼苔在景宁有3个变种，分别是丛生光萼苔原变种（*P. caespitans* var. *caespitans*）、日本变种（*P. caespitans* var. *nipponica*）和心叶变种，心叶变种侧叶背瓣阔卵形或心形，明显区别于其他2个变种。

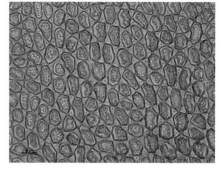

叶细胞

侧叶背瓣和腹瓣

树生群落，拍摄于望东垟自然保护区白云保护站

腹叶

二十四、光萼苔科 Porellaceae

中华光萼苔

Porella chinensis (Steph.) S. Hatt.

拍摄于大地乡丁埠头坑

　　植物体中等大小或较大，黄绿色至深绿色，有时带棕色。茎匍匐，2~3回羽状分枝。侧叶背瓣卵形至阔卵形，先端钝尖，基部具不规则细齿；腹瓣长舌形，基部一侧下延且通常具齿。腹叶阔舌形，基部两侧下延，且具齿。叶细胞圆形，三角体小。

　　喜生于林下树干、腐木或岩石上。

　　本种在景宁仅见于大地乡丁埠头坑。除华南外，国内大部分省份有分布。

　　本种叶先端钝尖，有时较圆钝，可用放大镜初步观察。

毛边光萼苔齿叶变种

Porella perrottetiana (Mont.) Trevis. var. *ciliatodentata* (P. C. Chen & P. C. Wu) S. Hatt.

侧叶背瓣和腹瓣

腹叶

拍摄于大仰湖自然保护区善辽林区

植物体形大，粗壮，黄绿色至深绿色，常带棕褐色。茎匍匐，近羽状分枝。侧叶背瓣卵形或心形，叶边具毛状齿；腹瓣长圆方形，叶边具毛状齿，基部一侧下延。腹叶圆方形，叶边具毛状齿，基部两侧下延。叶细胞卵圆形，细胞壁较厚，三角体较大，明显。

喜生于林下树干或腐木上。

本种在景宁见于大仰湖自然保护区善辽林区以及上山头。国内主要分布于华东、华中和西南地区。

本种侧叶背瓣、腹瓣和腹叶均具毛状齿，可用放大镜初步判断。

树生群落，拍摄于上山头

二十五、扁萼苔科 Radulaceae

大瓣扁萼苔

Radula cavifolia Hampe

植物体形小，柔弱，绿色至暗绿色。茎匍匐，不规则稀疏分枝。侧叶瓢形，稀疏覆瓦状排列，先端钝；腹瓣大，长约为背瓣长的5/6。叶细胞椭圆形或圆多边形，薄壁，三角体中等大小。蒴萼喇叭形，口部截形。

喜生于林下树干、树枝或潮湿岩面。

本种在景宁见于望东垟自然保护区、大仰湖自然保护区和上山头等地。国内主要分布于华东、华南和西南等地。

本种植物体较小，多在树枝上形成群落，侧叶腹瓣非常大，在显微镜下易辨认。

叶

植物体一段

上：拍摄于大仰湖自然保护区善辽林区，示孢蒴
下：拍摄于望东垟自然保护区

尖叶扁萼苔
Radula kojana Steph.

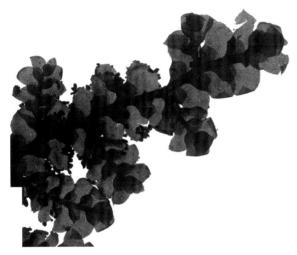

植物体一段

植物体中等大小，有时较小，绿色，有时带黄褐色。茎匍匐，近羽状分枝，分枝通常较多。叶覆瓦状排列；背瓣先端锐尖，叶边平滑且生有盘状芽胞；腹瓣近方形，膨胀。叶细胞圆多边形，薄壁，无三角体。蒴萼长筒形，口部平滑。

喜生于林下潮湿岩面、土表或腐木上。

本种在景宁分布较多，见于望东垟自然保护区、大仰湖自然保护区、林业总场各分场及上山头等地，英川镇外处岙村、梅歧乡横坪村等地也有发现。国内主要分布于长江以南各省份，新疆亦有分布。

本种近羽状分枝，且分枝较多，叶先端尖锐且叶边多生芽胞，可用放大镜初步观察。

上：石生群落，拍摄于大仰湖自然保护区善辽林区
下：拍摄于英川镇外处岙村

二十五、扁萼苔科 Radulaceae

芽胞扁萼苔

Radula lindenbergiana Gottsche. ex Hartm. f.

　　植物体中等大小，黄绿色至暗绿色，有时带棕褐色。茎匍匐，不规则羽状分枝。叶背瓣先端圆钝，先端边缘着生盘状芽胞，有时缺失；腹瓣方形，略膨胀。叶细胞圆多边形，薄壁，三角体小。蒴萼长筒形，口部平滑。

　　喜生于林下岩面、树干或树枝上。

　　本种在景宁见于林业总场草鱼塘分场、上山头、英川镇香炉山、红星街道、鹤溪街道和渤海镇等地。国内分布较为广泛，见于东北、华北、华东、华中、西南和西北等地区。

　　本种叶先端圆钝且边缘着生盘状芽胞，可用放大镜初步判断。

植物体一段

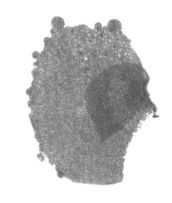

叶

上：石生群落，拍摄于林业总场草鱼塘分场夫人坑

下：拍摄于上山头

筒瓣耳叶苔

Frullania diversitexta Steph.

植物体形小，红棕色或棕绿色。茎匍匐，羽状分枝。侧叶背瓣卵形，先端圆钝，常向腹面卷曲；腹瓣圆筒形或棒状圆柱形，口部截形、狭窄。腹叶圆形，先端2裂。叶细胞近圆形，三角体明显，呈节状加厚。

喜生于林下岩面或树干上。

本种在景宁仅见于上山头。国内主要分布于华东地区，辽宁和内蒙古也有分布。

植物体一段

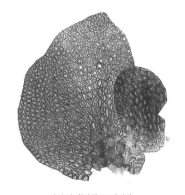

侧叶背瓣和腹瓣

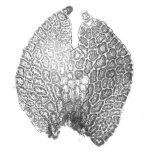

腹叶

树生群落，拍摄于上山头

二十六、耳叶苔科 Frullaniaceae

凤阳山耳叶苔

Frullania fengyangshanensis R. L. Zhu & M. L. So

植物体中等大小或较小，绿色，带棕褐色。茎匍匐，不规则分枝。侧叶背瓣椭圆形或近圆形，先端圆钝，有时略内卷；腹瓣近长方形，盔状，先端圆钝，没有喙。腹叶阔倒卵形，叶边全缘，先端圆钝，有时略内卷。叶细胞近圆形，薄壁，三角体明显，呈节状加厚。

喜生于树干上。

本种在景宁见于望东垟自然保护区枫水垟保护站和上山头。国内仅见于浙江和福建。

本种为中国特有种，模式产地为浙江凤阳山。

侧叶背瓣和腹瓣

腹叶

上：叶细胞，示加厚成节状的三角体
下：拍摄于望东垟自然保护区枫水垟保护站

鹿儿岛耳叶苔湖南亚种

Frullania kagoshimensis Steph. subsp. *hunanensis* (S. Hatt.) S. Hatt.

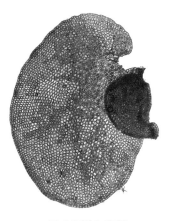

植物体中等大小至较大，棕褐色。茎匍匐，近羽状分枝。侧叶覆瓦状排列；背瓣宽椭圆形，先端圆钝，常内卷；腹瓣近盔形，口部平截，具下弯的喙。腹叶较大，近圆形，先端2浅裂，裂瓣三角形，锐尖。叶细胞近圆形或椭圆形，三角体明显，呈节状加厚。

喜生于树干或树枝上。

本种在景宁见于大仰湖自然保护区善辽林区、上山头、英川镇香炉山等地。国内主要分布于华东、华中、华南和西南等地。

本亚种为中国特有。

侧叶背瓣和腹瓣

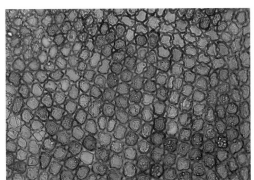

叶细胞，示加厚成节状的三角体

拍摄于上山头

二十六、耳叶苔科 Frullaniaceae

列胞耳叶苔

Frullania moniliata (Reinw., Blume & Nees) Mont.

　　植物体中等大小，较细长，棕绿色至棕红色。茎匍匐，羽状分枝。侧叶覆瓦状排列；背瓣阔卵形，先端急尖，常内卷；腹瓣筒形。腹叶倒卵形或卵形，先端2裂，裂瓣三角形。叶细胞近圆形或卵形，具单列的油胞，有时具少量散生的油胞。

　　喜生于树干或树枝上。

　　本种在景宁分布较为广泛，见于望东垟自然保护区、大仰湖自然保护区、林业总场各分场、上山头、英川镇香炉山等地。国内主要分布于长江以南各省份，黑龙江、陕西和山东亦有分布。

　　本种羽状分枝，侧叶背瓣先端急尖，可用放大镜初步判断。

侧叶背瓣和腹瓣

腹叶

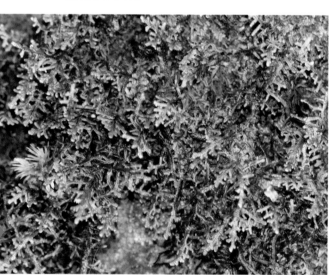

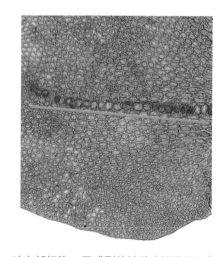

叶中部细胞，示成列的油胞（绿线标记）

上：拍摄于望东垟自然保护区白云保护站
下：石生群落，拍摄于雁溪乡半溪村

卷边唇鳞苔
Cheilolejeunea xanthocarpa (Lehm. & Lindenb.) Malombe

　　植物体形较小，灰绿色，带棕色。茎匍匐，分枝不规则，较少。侧叶覆瓦状排列；背瓣椭圆形，叶边全缘，先端圆钝，内卷；腹瓣较大，长方形，长约为背瓣长的一半，近轴边缘内卷，角齿常内弯。腹叶近圆形，先端不裂，宽为茎宽的4~6倍。叶细胞圆多边形，薄壁，三角体小。

　　主要生于林下潮湿岩面、腐木或树干上。

　　本种目前在景宁仅见于上山头。国内分布于华东、华南和西南地区。

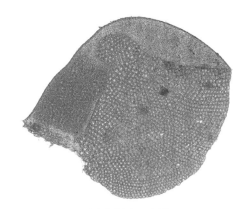 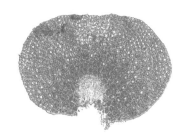

侧叶背瓣和腹瓣　　　　　　　　　腹叶

拍摄于上山头

二十七、细鳞苔科 Lejeuneaceae

列胞疣鳞苔

Cololejeunea ocellata (Horik.) Benedix.

植物体极小，灰绿色至灰白色。茎匍匐，稀疏不规则分枝。叶密集覆瓦状排列；背瓣卵形，近全缘，先端圆钝；腹瓣较大，卵形，长约为背瓣长的一半，先端具2齿，中齿较长，直立或与角齿交叉。叶细胞圆多边形，薄壁，三角体小或不明显。

叶附生苔类，也生于腐木或树干上。

本种在景宁见于望东垟自然保护区白云保护站。国内分布于华东、华南和西南等地区。

拍摄于望东垟自然保护区白云保护站

叶生角鳞苔

Drepanolejeunea foliicola Horik.

　　植物体极小，黄绿色，有时颜色更淡。茎匍匐，不规则稀疏分枝。叶稀疏覆瓦状排列；背瓣卵形，先端圆钝或锐尖，叶边全缘或具细齿；腹瓣卵形，长约为背瓣长的1/3，近轴边缘略内卷，顶端具2齿，中齿弯曲，角齿不明显。腹叶2深裂至基部，裂瓣近线形。叶细胞圆多边形，薄壁，三角体小。

　　叶附生苔类，也生于腐木或树木枝干上。

　　本种在景宁见于望东垟自然保护区白云保护站。国内分布于华东、华中、西南和华南等地区。

　　在望东垟自然保护区，本种与列胞疣鳞苔混生，形成叶附生苔类群落。

拍摄于望东垟自然保护区白云保护站

列胞疣鳞苔（红色箭头）和叶生角鳞苔（蓝色箭头）叶附生群落，拍摄于望东垟自然保护区白云保护站

黄色细鳞苔

Lejeunea flava (Sw.) Nees

植物体较小，黄绿色或淡黄色。茎匍匐，不规则分枝。侧叶覆瓦状排列；背瓣卵形，先端圆钝，叶边全缘；腹瓣较小，长卵形或椭圆状卵形，长约为背瓣长的1/4，中齿由单细胞组成，角齿不明显。腹叶较大，卵圆形，宽为茎宽的3~4倍，先端2裂。叶细胞薄壁，三角体小。

喜生于林下潮湿岩面、土表或树木枝干上。

本种在景宁分布于望东垟自然保护区、大仰湖自然保护区、林业总场大际分场和草鱼塘分场、雁溪乡等地。国内主要分布于长江以南地区，河北亦有分布。

植物体一段

石生群落，拍摄于望东垟自然保护区白云保护站

侧叶背瓣和腹瓣

拍摄于林业总场大际分场深垟坑

腹叶

拍摄于上山头

二十七、细鳞苔科 Lejeuneaceae

日本细鳞苔

Lejeunea japonica Mitt.

植物体较小，黄绿色至绿色。茎匍匐，不规则分枝。侧叶覆瓦状排列；背瓣卵形，先端圆钝，叶边全缘；腹瓣较小，通常卵形，长为背瓣长的1/4~1/3，中齿由单细胞组成，角齿不明显。腹叶卵圆形，宽为茎宽的2~3倍，先端2裂。叶细胞薄壁，三角体不明显。

喜生于林下潮湿岩面、土表或树木枝干上。

本种在景宁分布于望东垟自然保护区、大仰湖自然保护区、林业总场大际分场、鹤溪街道、梧桐乡和大均乡等地。国内大部分省份有分布。

拍摄于大均乡李宝村

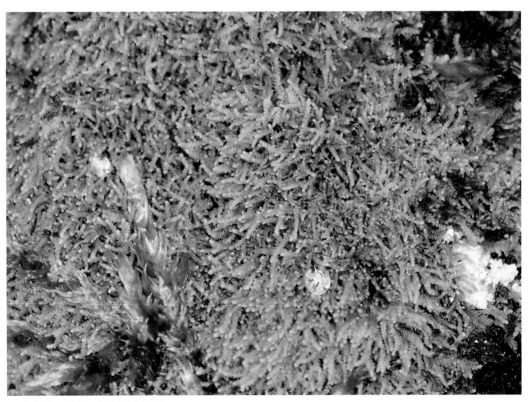

石生群落，拍摄于梧桐乡梧桐坑

小叶细鳞苔
Lejeunea parva (S. Hatt.) Mizut

植物体细小，黄绿色。茎匍匐，稀疏不规则分枝。侧叶覆瓦状排列或者疏生，背瓣卵形，先端圆钝，叶边全缘；腹瓣卵形，长为背瓣长的2/5~1/2，中齿由单细胞组成，角齿通常退化。腹叶疏生，宽为宽茎的1~2倍，先端2裂。叶细胞圆多边形，三角体小到大。

喜生于林下树干、树枝或腐木上。

本种在景宁仅见于上山头。国内主要分布于华东、华中、华南和西南地区，辽宁亦产。

本种植物体细小，常夹杂于其他类群中，易被忽略。

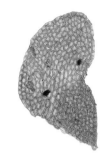

侧叶背瓣和腹瓣

植物体一段

树生群落，拍摄于上山头

二十七、细鳞苔科 Lejeuneaceae

褐冠鳞苔

Lopholejeunea subfusca (Nees) Schiffn.

　　植物体柔弱、纤细，暗绿色至棕褐色。茎匍匐，近羽状分枝，分枝稀疏。侧叶背瓣阔卵形，先端圆钝；腹瓣斜卵形，膨起。腹叶肾形，全缘，宽为茎宽的3~4倍。叶细胞卵圆形，三角体明显，细胞壁中部球状加厚。

　　喜生于林下阴湿岩面或树干上。

　　本种在景宁仅见于大仰湖自然保护区善辽林区。国内主要分布于华东、华南和西南等地。

植物体一段

侧叶背瓣和腹瓣

拍摄于大仰湖自然保护区善辽林区

皱萼苔

Ptychanthus striatus (Lehm. & Lindenb.) Nees

植物体形大，粗壮，深绿色至墨绿色，带棕褐色。茎匍匐，近羽状分枝。侧叶覆瓦状排列；背瓣椭圆状卵形，先端锐尖，边缘具齿；腹瓣较小，卵形，基部呈囊状，先端具2齿。腹叶宽卵形，先端2浅裂，边缘有细齿，宽为茎宽的4~5倍。叶细胞六边形，细胞壁略微加厚，三角体大，明显。

喜生于阴湿林内树干或树基上。

本种在景宁分布于大仰湖自然保护区、望东垟自然保护区、林业总场大际分场和草鱼塘分场等地。国内主要分布于长江以南各省份，陕西亦有分布。

本种植物体较大，颜色暗，羽状分枝，似光萼苔属（*Porella*）植物。

腹叶

侧叶背瓣和腹瓣

上：树生群落，拍摄于大仰湖自然保护区善辽林区
中：拍摄于望东垟自然保护区白云保护站
下：植物体一段

二十七、细鳞苔科 Lejeuneaceae

多褶苔

Spruceanthus semirepandus (Nees) Verd.

植物体较大，褐绿色至棕褐色。茎匍匐，不规则分枝。侧叶覆瓦状排列；背瓣斜卵形，先端锐尖，边缘通常有齿，腹缘常内卷；腹瓣较小，先端通常有1~3个小齿。腹叶近圆形，先端具齿，宽为茎宽的3~5倍。叶细胞近圆形，薄壁或略加厚，三角体大，呈节状。

喜生于林下潮湿岩面或树干上。

本种在景宁见于大仰湖自然保护区善辽林区、望东垟自然保护区茭白塘和上山头等地。国内分布于华东、华中、华南和西南等地区。

树生群落，拍摄于上山头

腹叶

侧叶背瓣和腹瓣

浅棕瓦鳞苔
Trocholejeunea infuscata (Mitt.) Verd.

较干燥状态下的树生群落，拍摄于梧桐乡梧桐坑

植物体中等大小，黄绿色至棕绿色，带褐色。茎匍匐，不规则分枝。侧叶覆瓦状排列；背瓣斜卵形，先端圆钝，叶边全缘；腹瓣三角状卵形，先端具2齿。腹叶圆形，不裂，边缘常内卷，宽为茎宽的4~6倍。叶细胞近圆形，薄壁或略加厚，三角体明显。

喜生于林下岩面、树干或树基上。

本种在景宁见于大仰湖自然保护区、林业总场草鱼塘分场、上山头等林区，红星街道、大均乡、毛垟乡和梧桐乡等地亦有分布。国内分布于华东、华中和西南等地区。

拍摄于大仰湖自然保护区善辽林区

二十七、细鳞苔科 Lejeuneaceae

南亚瓦鳞苔

Trocholejeunea sandvicensis (Gottsche) Mizut.

　　植物体中等大小，通常较为粗壮，黄绿色至褐绿色。茎匍匐，不规则分枝。侧叶覆瓦状排列；背瓣卵形，先端圆钝，叶边全缘；腹瓣宽圆形，先端通常具3~4个小齿；腹叶近圆形，不裂，宽为茎宽的3~5倍。叶细胞近圆形，三角体大，明显呈节状。

　　喜生于林下潮湿岩面、腐木、树干或树枝上。

　　本种在景宁见于林业总场鹤溪分场、大际分场和荒田湖分场等林区，鹤溪街道、红星街道等地亦有分布。国内分布较为广泛，各省份均见。

　　本种侧叶密集覆瓦状排列，湿润时似鱼鳃状，故也叫鳃叶苔。

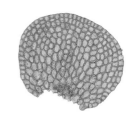

腹叶

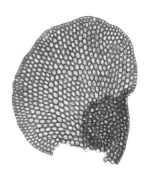

侧叶背瓣和腹瓣

植物体一段

上：树生群落，拍摄于景宁检察院
下：拍摄于景宁城区鹤溪中路

拟紫叶苔

Pleurozia subinflata (Austin) Austin

　　植物体较大或中等大小，通常硬挺、粗壮，多紫红色，有时黄绿色至棕褐色。茎多丛生，叉状分枝。叶强烈内凹，2裂至叶的一半；背瓣狭卵形，先端尖锐，具2齿；腹瓣狭卵形或披针形，先端具2齿。腹叶缺失。叶细胞圆六边形，三角体大，呈明显的节状。蒴萼圆筒形，口部平滑。

　　喜生于高海拔林地内树干或腐木上。

　　本种在景宁仅见于上山头。国内主要分布于华东、华南和西南等地区。

　　本种颜色多紫红，多丛生于树干上，蒴萼较大，易于辨识。

叶

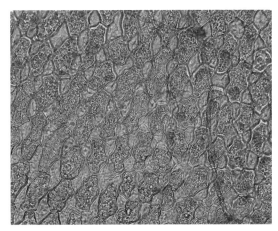

叶细胞

拍摄于上山头

二十九、绿片苔科 Aneuraceae

宽片叶苔

Riccardia latifrons (Lindb.) Lindb.

　　植物体形小，黄绿色至绿色，有光泽。叶状体匍匐，分枝不规则，小枝末端舌形。叶状体中部厚，向边缘渐薄；没有中肋的分化；表皮细胞圆多边形，薄壁。雌雄同株，假蒴萼长棒状。芽胞椭圆形，由2个细胞组成，生于叶状体末端。

　　喜生于林下腐木、腐殖土上。

　　本种在景宁见于望东垟自然保护区茭白塘、林业总场草鱼塘分场和雁溪乡等地。国内大部分省份有分布。

　　本种叶状体较小，分枝不规则，小枝末端舌形，可用放大镜初步判断。

石生群落，拍摄于雁溪乡半溪村

拍摄于林业总场草鱼塘分场夫人坑

片叶苔

Riccardia multifida (L.) Gray

　　植物体形小，黄绿色至深绿色，有时带褐色，有光泽。叶状体匍匐，规则2~3回羽状分枝。叶状体中部厚，向边缘渐薄；没有中肋的分化；表皮细胞圆多边形，薄壁。雌雄同株，假蒴萼长棒状。

　　喜生于林下潮湿岩面、腐木或腐殖土上。

　　本种在景宁见于望东垟自然保护区和林业总场荒田湖分场芥菜圩林区等地。国内主要分布于东北、华东、西南和华南等地。

　　本种叶状体较小，分枝规则，通常是2~3回羽状分枝，可用放大镜初步判断。

石生群落，拍摄于望东垟
自然保护区

拍摄于望东垟自然保护区

三十、叉苔科 Metzgeriaceae

狭尖叉苔

Metzgeria consanguinea Schiffn.

　　植物体较小或中等大小，淡绿色、灰绿色至绿色。叶状体匍匐，叉状分枝，先端钝尖或狭长尖，边缘和腹面中肋处生有刺毛，刺毛通常单生；中肋较为明显。叶状体表面细胞近圆形或长圆形。雌雄异株。

　　喜生于阴湿岩面或树干上。

　　本种在景宁见于望东垟自然保护区菱白塘、林业总场草鱼塘分场桃树蒲和夫人坑等地。国内主要分布于长江以南地区。

　　本类群叶状体较薄，颜色偏淡，边缘生有刺毛，可用放大镜初步判断。

植物体一段

无性芽胞

拍摄于林业总场草鱼塘分场夫人坑

二

角苔类植物门

ANTHOCEROTOPHYTA

短角苔科 Notothyladaceae

黄角苔
Phaeoceros laevis (L.) Prosk.

　　植物体中等大小，柔嫩，绿色至深绿色。叶状体贴生于基物上，叉状分枝，边缘常具不规则裂瓣或缺刻；腹面生有假根；无中肋。雌雄同株。孢蒴长角状，成熟后2裂，裂瓣常扭曲。

　　喜生于阴湿土表、土坡、田野、河边空地上。

　　本种在景宁见于望东垟自然保护区、林业总场鹤溪分场驮峃头等地，东坑镇、鹤溪街道、毛垟乡等地亦有分布。国内大部分省份有分布。

　　本种在有孢蒴时较易辨识；没有孢蒴的情况下易被忽略，但叶状体柔嫩、颜色暗，且边缘多不规则裂，可以进行初步判断。

土生群落，拍摄于东坑镇桃园村

拍摄于鹤溪街道滩岭村

藓类植物门

BRYOPHYTA

暖地泥炭藓
Sphagnum junghuhnianum Dozy & Molk.

　　植物体较为粗壮，黄绿色至褐绿色，有时带淡紫色。茎直立丛生，细长。茎叶较大，长等腰三角形，先端渐狭，分化边窄。枝叶形大，长卵状披针形，先端渐尖、背仰；绿色细胞在枝叶横切面上呈三角形，位于叶片的腹面。

　　喜生于高山沼泽、潮湿林地及流水岩壁等环境。

　　本种在景宁见于望东垟自然保护区、林业总场荒田湖分场和草鱼塘分场等林区，红星街道大吴山村亦有分布。国内主要分布于南方温暖湿热地区。

茎叶

石生群落，拍摄于红星街道大吴山村

拍摄于望东垟自然保护区白云保护站

枝叶

泥炭藓
Sphagnum palustre L.

植物体粗壮，黄绿色或灰绿色，有时带棕色、红色。茎直立丛生，叉状分枝。茎叶阔舌形，先端圆钝；无色细胞多具分隔。枝叶较大，卵圆形，内凹，叶先端边缘明显内卷；绿色细胞在枝叶横切面上多呈狭等腰三角形，偏于叶片的腹面。

喜生于高山沼泽、潮湿林地及流水岩壁等环境。

本种在景宁见于望东垟自然保护区、大仰湖自然保护区、石印山和景南乡等地。国内分布较为广泛，南北多数省份有分布。

本种枝叶先端圆钝，而暖地泥炭藓枝叶先端渐尖且背仰，在野外可用放大镜初步判断。

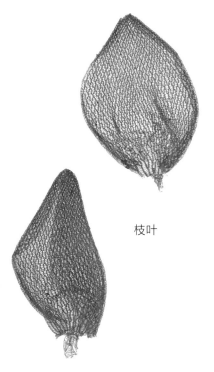

枝叶

拍摄于景南乡渔际村

生于大仰湖自然保护区高山湖泊
大仰湖边缘的群落

二、金发藓科 Polytrichaceae

小仙鹤藓

Atrichum crispulum Schimp. ex Besch.

植物体较大，可达5cm，通常粗壮，黄绿色至暗绿色，常具光泽。茎直立，丛生。叶长舌形，背面具斜列棘刺；中肋腹面栉片2~6列，高1~3个细胞，或退化不明显。叶中部细胞近六边形，叶边分化为1~3列狭长形细胞。孢蒴长圆柱形。

喜生于林地或土坡。

本种在景宁见于林业总场荒田湖分场和上山头。国内主要分布于华东和西南地区，辽宁和广西亦有分布。

本种在景宁分布范围较小，且中肋栉片多退化、不明显。

拍摄于上山头，示孢子体

拍摄于上山头，示配子体

刺边小金发藓
Pogonatum cirratum (Sw.) Brid.

植物体粗壮、硬挺，黄绿色至暗绿色，具光泽。茎直立，通常单一。叶卵状披针形，干燥时强烈卷缩，叶边具粗齿；中肋单一；栉片密生于腹面，高1~2个细胞，顶细胞通常不分化。孢蒴直立，长卵形或圆柱形。

喜生于林区土表或岩面薄土上。

本种在景宁见于望东垟自然保护区，大仰湖自然保护区，林业总场大际分场、荒田湖分场、草鱼塘分场等地。国内主要分布于西南、华南、华中和华东等地区。

本种植物体高大、粗壮，可初步辨识。

叶

拍摄于望东垟自然保护区白云保护站

二、金发藓科 Polytrichaceae

东亚小金发藓

Pogonatum inflexum (Lindb.) Sande Lac.

植物体中等大小，通常硬挺。茎单一，少分枝。叶卵状披针形，基部呈鞘状，先端锐尖；叶边上部具粗齿，由2~4个细胞组成；中肋及顶、背面上部具锐齿；栉片密生于叶腹面，高4~6个细胞，顶细胞横切面观内凹。孢蒴直立，圆柱形。

多生于林地或路边土坡。

本种在景宁分布广泛，见于各自然保护区、林业总场各分场及各乡镇（街道）的山区。国内主要分布于华东、华中和西南等地区，甘肃亦有分布。

本种较为多见，常在林缘土坡形成群落。

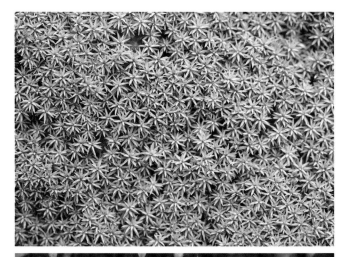

上：拍摄于毛垟乡，示配子体
中：拍摄于上山头，示孢蒴
下：拍摄于鹤溪街道半垟村，示雄苞

南亚小金发藓
Pogonatum proliferum (Griff.) Mitt.

拍摄于望东垟自然保护区白云保护站

植物体粗壮、硬挺，黄绿色至绿色，有时带棕褐色，具光泽。茎直立，稀分枝。叶长卵状披针形，干燥时强烈卷缩；叶边具粗齿；中肋单一，先端背面具齿；栉片仅生于中肋腹面，高1~2个细胞。孢蒴直立，长卵形或圆柱形。

多生于林地或路边土坡。

本种在景宁见于望东垟自然保护区、大仰湖自然保护区、林业总场草鱼塘分场和荒田湖分场等地。国内主要分布于西南、华南、华中和华东等地。

本种植物体高大、粗壮，与刺边小金发藓类似，但本种栉片较少，仅分布于中肋腹面，显微镜下易观察识别。

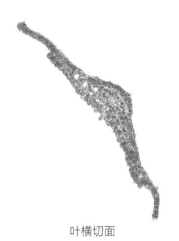

叶横切面

二、金发藓科 Polytrichaceae

苞叶小金发藓

Pogonatum spinulosum Mitt.

植物体矮小，生于绿色原丝体上。茎极短，不分枝。叶鳞片状，贴生，尖部具齿；中肋及顶；叶腹面无栉片，或栉片发育不良。雌苞叶披针形，全缘。蒴柄较长，可达3.5 cm。孢蒴圆柱形。蒴盖圆锥形，具短喙。蒴帽密被纤毛。

喜生于林缘土坡。

本种在景宁见于望东垟自然保护区枫水垟保护站和上山头。国内分布于东北、华东、华中、华南和西南等地区。

本种植物体矮小，叶鳞片状，不明显，在没有孢子体的情况下易被忽略；长出孢蒴后则容易辨识。

雌苞叶

拍摄于上山头

台湾拟金发藓
Polytrichastrum formosum (Hedw.) G. L. Sw.

植物体形大，硬挺，灰绿色、黄绿色至深绿色，丛生。茎直立，少分枝。叶基部呈鞘状，向上成长披针形，叶边具齿；中肋及顶，上部具刺；栉片密生于叶腹面，高4~6个细胞，顶细胞略大于下部细胞，先端拱形突出。叶中部细胞卵圆形。

喜生于林区土表或岩面薄土上。

本种在景宁见于望东垟自然保护区、林业总场大际分场猪栏坑、上山头和红星街道等地。国内除西北地区外，大部分省份有分布。

叶横切面

上：岩面薄土群落，拍摄于望东垟自然保护区白云保护站
下：拍摄于红星街道大吴山村

二、金发藓科 Polytrichaceae

金发藓

Polytrichum commune Hedw.

　　植物体形大，硬挺，通常暗绿色，有时带红棕色。茎直立，丛生，多单一，少分枝。叶狭长，基部鞘状；叶边具锐齿；中肋发达，突出于叶尖；腹面生30~50列栉片；栉片通常高5~9个细胞，顶细胞明显内凹。蒴柄较长。孢蒴四棱柱形，直立。蒴帽被金黄色纤毛。

　　喜生于林区土表。

　　本种在景宁见于林业总场大际分场、上山头和东坑镇茗源村等地。国内主要分布于东北、西北、华中、华东和西南等地区。

叶

叶横切面

上：拍摄于上山头
下：土生群落，拍摄于林业总场大际分场老婆丘

东亚短颈藓

Diphyscium fulvifolium Mitt.

　　植物体小，亮绿色至暗绿色，有时带黄褐色。茎直立，极短，未见分枝。叶长舌形，先端圆钝，具短尖；叶边近全缘；中肋强劲，及顶或突出于叶尖。叶细胞圆多边形，具疣。雌苞叶分化明显，中肋突出成长毛尖。蒴柄极短，孢蒴斜卵形，隐生于雌苞叶内。

　　喜生于林下阴湿岩面、土坡或腐木上。

　　本种在景宁见于大仰湖自然保护区、望东垟自然保护区菱白塘、林业总场草鱼塘分场等林区。国内分布于长江以南各省份。

　　本种配子体与丛藓科（Pottiaceae）植物类似，没有孢蒴的情况下易混淆；本种蒴柄极短，孢蒴极大，且雌苞叶具长毛尖，易于辨识。

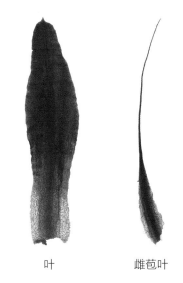

叶　　　　　雌苞叶

拍摄于大仰湖自然保护区善辽林区，示配子体

拍摄于林业总场草鱼塘分场夫人坑，示孢子体

葫芦藓

Funaria hygrometrica Hedw.

植物体矮小，黄绿色至绿色，老时略带红色。茎直立，单一，偶见分枝，稀疏丛生。叶多簇生于茎顶端，干时皱缩，阔卵形或卵状披针形；叶边全缘，有时具钝齿，明显内卷；中肋及顶。蒴柄细长，上部弯曲。孢蒴梨形，有明显台部，垂倾。

喜生含氮丰富的土坡、墙角、林间空地等处。

本种在景宁见于鹤溪街道、澄照乡、英川镇、林业总场大际分场等地。国内各省份均有分布。

本种是藓类的代表种类，分布范围广泛，遍及全球，孢蒴下垂、呈歪葫芦状，易于辨识。

拍摄于澄照乡三石村

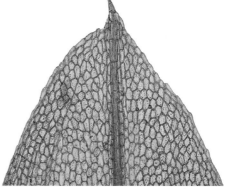
叶尖部

土生群落，拍摄于澄照乡三石村

红蒴立碗藓

Physcomitrium eurystomum Sendtn.

植物体矮小，黄绿色至绿色。茎直立，单一，未见分枝，通常稀疏丛生。叶通常卵状披针形，叶边全缘，仅先端有细齿；中肋强劲，直达叶尖。叶细胞不规则菱形，叶边有由狭长细胞构成的分化边。蒴柄细长。孢蒴直立，高脚杯状，台部较短，成熟后红棕色至红褐色。

喜生于路边土坡、田埂及林缘等处。

本种在景宁见于澄照乡三石村、红星街道岗石村、鹤溪街道鹤溪村等地。国内绝大多数省份有分布。

本种植物体较小，孢蒴高脚杯状，成熟后红棕色至红褐色，易于辨认。

拍摄于鹤溪街道半垟村

土生群落，拍摄于景宁
检察院门口

四、葫芦藓科 Funariaceae

立碗藓

Physcomitrium sphaericum (Ludw.) Fürnr.

　　植物体矮小，黄绿色至绿色。茎直立，单一，未见分枝，稀疏丛生。叶通常椭圆形或倒卵形；叶边通常全缘，仅先端有疏齿；中肋强劲，直达叶尖。叶细胞多边形，叶边分化不明显。蒴柄细长。孢蒴直立，半球形，蒴盖脱落后碗状。

　　喜生于路边土坡、田埂及林缘等处。

　　本种在景宁见于城区、乡镇、村落等地。国内各省份均有分布。

　　本种蒴盖脱落之后，孢蒴呈碗状，易于识别。

土生群落，
拍摄于红星
街道岗石村

拍摄于红星
街道岗石村

威氏缩叶藓

Ptychomitrium wilsonii Sull. & Lesq.

　　植物体形小至中等，较粗壮，黄绿色至暗绿色，丛生。茎直立，多叉状分枝。叶通常舌形，先端较钝；叶边多平展，先端具粗齿；中肋强劲，至叶尖略下部消失。叶细胞圆方形，无疣。蒴柄直立，较短。孢蒴椭圆柱形，直立。蒴帽钟形，表面具褶皱。

　　喜生于山区岩面或岩面薄土上。

　　本种在景宁见于大仰湖自然保护区夕阳坑、大均乡、毛垟乡、渤海镇和鹤溪街道等地。国内主要分布于华东、华中和华南等地区。

　　本种叶先端较钝，区别于我国该属内大部分种类，可用放大镜初步判断。

叶

上：干燥状态下，向阳岩面
群落，拍摄于毛垟乡
下：拍摄于大均乡新亭村

六、紫萼藓科 Grimmiaceae

黄无尖藓

Codriophorus anomodontoides (Cardot) Bednarek-Ochyra & Ochyra

　　植物体中等大小至较大，粗壮，上部黄绿色，下部褐色，常大片丛生。茎直立至倾立，稀疏不规则分枝。叶干燥时贴茎，卵状披针形，基部具明显纵褶，先端具粗齿；叶缘背卷；中肋在叶尖略下部消失。叶细胞长方形，具密疣，细胞壁波状，角细胞不分化。

　　喜生于岩面或岩面薄土上。

　　本种在景宁见于大仰湖自然保护区、林业总场荒田湖分场大浪坑、上山头、梅歧乡梅歧村等地。国内多数省份有分布。

　　本种在景宁分布较多，往往在溪边大石或崖壁上形成大片群落。

拍摄于上山头

在林下岩面形成大片群落，拍摄于大仰湖自然保护区善辽林区

丛枝无尖藓

Codriophorus fascicularis (Hedw.) Bednarek-Ochyra & Ochyra

植物体中等大小，黄绿色至绿色，有时带棕褐色。茎直立至倾立，近羽状分枝，分枝密集而短。叶长卵状披针形，先端锐尖；叶边两侧背卷；中肋单一，不及顶。叶细胞长方形至狭长方形，具密疣，细胞壁波状加厚。

喜生于岩面或岩面薄土上。

本种在景宁仅见于上山头。国内主要分布于华东和西南地区，青海亦有分布。

本种与黄无尖藓相似，但本种分枝密集且短，而后者分枝稀疏且较长，可初步判断。

叶

拍摄于上山头

东亚长齿藓

Niphotrichum japonicum (Dozy & Molk.) Bednarek-Ochyra & Ochyra

植物体中等大小，粗壮，黄绿色，疏松丛生。茎直立，具少数分枝。叶明显背仰，常对折，阔卵形，先端具短透明毛尖，毛尖具粗齿，稀无毛尖；叶边两侧自基部至尖部背卷；中肋强劲，达叶尖略下部消失。叶细胞具疣，细胞壁波状加厚，角细胞分化明显。

喜生于岩面或岩面薄土上。

本种在景宁见于林业总场荒田湖分场、大际分场、东坑镇和大地乡等地。国内绝大部分省份有分布。

本种耐干旱，常在向阳裸岩上形成大片群落。叶明显背仰，且常对折，先端有较短的透明毛尖，可用放大镜初步判断。

石生群落，拍摄于东坑镇黄山头村

拍摄于东坑镇黄山头村

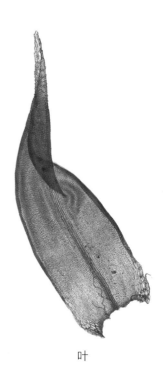

叶

黄牛毛藓

Ditrichum pallidum (Hedw.) Hampe

拍摄于红星街道古城

植物体矮小，黄绿色，丛生。茎直立，稀分枝。叶基部长卵形，向上成狭长披针形，多一侧弯曲，尖部具明显齿突；中肋粗壮，及顶，占满叶上部。叶细胞长方形至狭长方形，平滑。孢蒴倾立，长卵形，不对称。

喜生于林缘土坡或土壁上。

本种在景宁见于上山头和红星街道等地。国内主要分布于华北、华东、华中、西南和华南等地区。

本种常在林缘土坡形成大片群落，孢蒴常见，但没有孢蒴时易与小曲尾藓属（*Dicranella*）植物混淆。

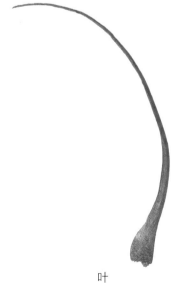

叶

八、小烛藓科 Bruchiaceae

长蒴藓

Trematodon longicollis Michx.

植物体形小，黄绿色至绿色，疏松丛生。茎单一，未见分枝。叶基部卵形，抱茎，向上成长披针形；叶边全缘，上部略背卷；中肋单一，及顶。叶细胞短长方形至长方形，平滑。孢蒴长圆柱形，上部略弯曲，台部长为壶部长的2~4倍，基部具颈突。

喜生于土表或岩面薄土上。

本种在景宁见于红星街道、鹤溪街道、大均乡、林业总场鹤溪分场等地。国内主要分布于华东、华中、华南和西南等地，辽宁亦有分布。

本种植物体矮小，长长的孢蒴极易辨识，但在没有孢蒴的情况下，易被忽略。

拍摄于林业总场鹤溪分场驮岙头林区

叶

土生群落，拍摄于鹤溪街道

多形小曲尾藓

Dicranella heteromalla (Hedw.) Schimp.

植物体形小，黄绿色至暗绿色，通常有光泽，稀疏丛生。茎直立，单一或叉状分枝。叶直立或偏曲，基部卵形，向上成披针形；叶中上部具齿；中肋突出于叶尖。叶部细胞长方形，平滑。孢蒴短圆柱形，直立、倾立或平列。

喜生于林间空地或岩面薄土上，或生于腐木和树基部。

本种在景宁见于林业总场草鱼塘分场和上山头等地。国内大部分省份有分布。

本种植物体较小，叶狭长，常在土坡上形成群落。

拍摄于上山头，示配子体

拍摄于上山头，示孢子体

叶

十、曲背藓科 Oncophoraceae

暖地高领藓

Glyphomitrium calycinum (Mitt.) Cardot

植物体形小，黄绿色至深绿色，有时带棕褐色。主茎匍匐，支茎直立至倾立，较短。叶长披针形，呈龙骨状，先端锐尖；中肋单一，粗壮，突出于叶尖。叶细胞近方形，厚壁，平滑。内雌苞叶卷成筒状，环抱蒴柄。孢蒴圆柱形，通常直立，高出雌苞叶。蒴帽大，钟形，有纵褶。

喜生于林内树上。

本种在景宁见于大仰湖自然保护区，林业总场荒田湖分场、大际分场、草鱼塘分场，上山头，红星街道，鹤溪街道等地。国内主要分布于华东和西南地区。

本种植物体较小，多丛生于树上，内雌苞叶环抱蒴柄，可用放大镜初步判断。

树生群落，拍摄于大仰湖自然保护区大仰湖附近

叶　　　　拍摄于上山头

卷叶曲背藓

Oncophorus crispifolius (Mitt.) Lindb.

拍摄于上山头

植物体形小，黄绿色至深绿色，有时带棕色，稀疏丛生。茎直立至倾立，未见分枝。叶基部鞘状，上部狭长披针形，干燥时卷缩；叶边平展，上部具齿；中肋及顶。叶细胞近方形，厚壁，平滑。孢蒴倾立，椭圆柱形，略弯曲，具颈突。

喜生于林下岩面或石缝中。

本种在景宁见于大仰湖自然保护区、望东垟自然保护区、上山头和东坑镇茗源村等地。国内主要分布于华东地区，西藏亦产。

叶

十一、树生藓科 Erpodiaceae

钟帽藓

Venturiella sinensis (Vent.) Müll. Hal.

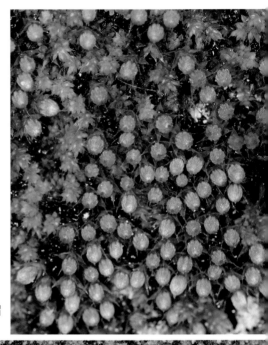

　　植物体形小，深绿色，贴生于树干上。茎匍匐，不规则分枝。叶卵状披针形，内凹，多具无色透明毛尖；叶边全缘，或尖部具细微齿；无中肋。叶中上部细胞近六边形或菱形，平滑；角细胞分化，多长方形。蒴柄短。孢蒴卵形，多隐生于雌苞叶之内。蒴帽大，钟形，具宽纵褶。

　　喜生于树干上。

　　本种在景宁见于鹤溪街道、红星街道等地。国内大部分省份有分布。

　　本种植物体小，树生，叶先端有透明毛尖，孢蒴通常隐生于雌苞叶内，蒴帽钟形，较大且具纵褶，几乎覆盖整个孢蒴，易于辨别。

上：拍摄于景宁城区鹤溪中路，示钟形蒴帽
下：树生群落，拍摄于景宁城区鹤溪中路

日本曲尾藓

Dicranum japonicum Mitt.

植物体中等大小至较大，黄绿色至深绿色，有时带褐色，丛生。茎直立，单一，稀分枝。叶狭长披针形，先端镰刀形弯曲；叶边上部具单列齿；中肋强劲，突出于叶尖。叶细胞长六边形；基部细胞狭长，具壁孔；角细胞明显分化，褐色。

喜生于林下岩面或腐殖质上。

本种在景宁见于望东垟自然保护区，大仰湖自然保护区，林业总场荒田湖分场、大际分场和草鱼塘分场，上山头等地。国内大部分省份有分布。

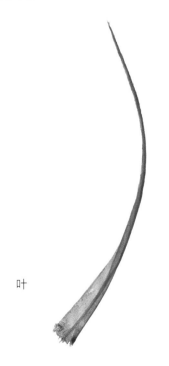

叶

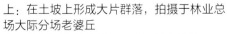

上：在土坡上形成大片群落，拍摄于林业总场大际分场老婆丘
中：拍摄于林业总场荒田湖分场大浪坑
下：拍摄于望东垟自然保护区白云保护站

曲尾藓

Dicranum scoparium Hedw.

植物体中等大小至较大，粗壮，黄绿色至深绿色。茎直立或倾立，多不分枝。叶披针形，先端相对较钝；叶边中上部具齿；中肋及顶，但不突出于叶尖，上部背面有2~3列栉片。叶细胞长方形或长六边形，具壁孔；基部细胞长方形；角细胞分化。

喜生于林下岩面或腐殖质上。

本种在景宁见于大仰湖自然保护区、林业总场荒田湖分场和草鱼塘分场、上山头等地。国内大部分省份有分布。

本种与日本曲尾藓外形类似，但本种植物体更为粗壮。

叶

上：石生群落，拍摄于大仰湖自然保护区善辽林区
下：拍摄于上山头

白氏藓

Brothera leana (Sull.) Müll. Hal.

植物体矮小，灰绿色或淡绿色，丛生。茎直立，通常单一；不育枝顶端通常具簇生无性芽胞。叶长披针形；叶边通常全缘，上部多内卷；中肋宽阔，充满叶上部。叶细胞长方形，薄壁，透明。

喜生于林下土表、腐木或岩面薄土上。

本种在景宁见于林业总场草鱼塘分场和上山头等地。国内主要分布于东北、华东、华中和西南等地。

本种植物体矮小，颜色较淡，顶端常簇生大量无性芽胞，呈头状，易于识别。

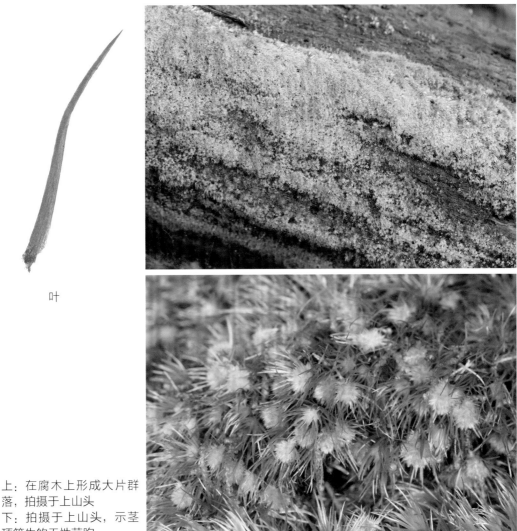

叶

上：在腐木上形成大片群落，拍摄于上山头
下：拍摄于上山头，示茎顶簇生的无性芽胞

十三、白发藓科 Leucobryaceae

节茎曲柄藓

Campylopus umbellatus (Arnott) Paris

植物体形大或中等，通常粗壮，黄绿色至暗绿色，带黑褐色。茎直立，先端簇生叶，呈头状，多年生植物体呈节状。叶卵状披针形，先端具透明毛尖，毛尖具齿；叶边通常平展；中肋粗壮，宽阔，背面上部有栉片。

喜生于林区岩面或岩面薄土上。

本种在景宁见于林业总场荒田湖分场和草鱼塘分场、鹤溪街道、东坑镇、九龙乡、大均乡、上山头等地。国内主要分布于华东、华中、华南和西南地区。

本种植物体较大、粗壮，颜色多暗沉，多年生植物体呈节状，茎先端多呈头状。

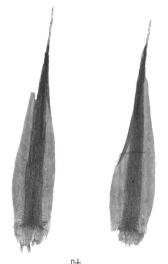

叶

在岩石表面形成大片群落，拍摄于鹤溪街道滩岭村

拍摄于大均乡新亭村

拍摄于大均乡李宝村

青毛藓

Dicranodontium denudatum (Brid.) E. Britton ex Williams

植物体中等大小至较大，绿色或黄棕色，具光泽。茎直立，单一或分枝，顶端叶常脱落。叶镰刀形弯曲，基部卵形，向上成狭长披针形；叶边内卷，中上部具齿；中肋宽阔，突出于叶尖，呈毛尖状。叶细胞线形或虫形；角细胞明显分化，无色或棕色，突出成耳状。

喜生于林下土表、岩面薄土及岩石上。

本种在景宁见于大仰湖自然保护区、望东垟自然保护区和林业总场大际分场等地。国内大部分省份有分布。

叶

上：拍摄于大仰湖自然保护区善辽林区

下：石生群落，拍摄于大仰湖自然保护区善辽林区

狭叶白发藓
Leucobryum bowringii Mitt.

植物体中等大小，灰绿色或苍白绿色，密集丛生。茎直立，叉状分枝。叶基部长椭圆形或长卵形，上部狭长披针形，多卷为管状；中肋粗壮，及顶。叶细胞长方形至线形，厚壁，平滑。

喜生于林下土坡、岩面或树干基部。

本种在景宁见于大仰湖自然保护区、林业总场荒田湖分场和大际分场、草鱼塘、上山头、石印山等地。国内分布于长江以南各省份。

本种植物体中等大小，叶基部较窄，叶细胞平滑。

茎横切面

拍摄于大仰湖自然保护区善辽林区

石生群落，拍摄于石印山

爪哇白发藓

Leucobryum javense (Brid.) Mitt.

　　植物体形大，粗壮，苍白绿色或灰绿色，多稀疏丛生。茎直立，叉状分枝。叶基部阔卵形，上部披针形，多一侧弯曲；中肋粗壮，及顶。叶细胞近长方形，有明显的粗疣。

　　喜生于林下土坡、岩面或树干基部。

　　本种在景宁分布广泛，各自然保护区、林业总场各分场及各乡镇（街道）的山区均产。国内主要分布于长江以南各省份。

　　本种植物体粗壮，叶先端偏曲，叶细胞疣明显。

较为干燥状态下的土生群落，拍摄于毛垟乡红军道

拍摄于上山头

土生群落，拍摄于大仰湖自然保护区善辽林区

十三、白发藓科 Leucobryaceae

桧叶白发藓

Leucobryum juniperoideum (Brid.) Müll. Hal.

植物体形小，灰绿色或苍白绿色，密集丛生。茎直立，少分枝。叶卵状披针形，略呈镰刀状弯曲；叶边全缘，仅尖部具细齿；中肋宽阔，及顶。叶细胞平滑。蒴柄细长。孢蒴直立至倾立。

喜生于林下土坡、岩面或树干基部。

本种在景宁分布广泛，各自然保护区、林业总场各分场及各乡镇（街道）的山区均产。国内主要分布于长江以南各省份，山东亦有分布。

本种为国家二级重点保护野生植物。

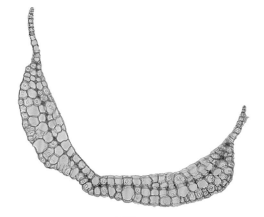

叶横切面

拍摄于望东垟自然保护区科普馆，示配子体

拍摄于林业总场草鱼塘分场夫人坑，示孢子体

腐木生群落，拍摄于望东垟自然保护区白云保护站

疣叶白发藓

Leucobryum scabrum Sande Lac.

植物体形大，粗壮，苍白绿色或灰绿色，丛生。茎直立，叉状分枝。叶基部阔卵形，上部阔披针形，先端通常较短，不弯曲；中肋粗壮，及顶。叶细胞近长方形，有明显的粗疣。

喜生于林下土坡、岩面或树干基部。

本种在景宁见于鹤溪街道和大均乡等地。国内主要分布于长江以南各省份。

本种植物体形大，与爪哇白发藓类似，但本种叶上部较宽短，且通常不偏曲。

在山坡上形成大片群落，拍摄于鹤溪街道半垟村

叶

拍摄于鹤溪街道半垟村

十四、凤尾藓科 Fissidentaceae

黄叶凤尾藓
Fissidens crispulus Brid.

植物体形小或略大，黄绿色。茎单一或叉状分枝；腋生透明结节特别明显。叶披针形至狭长披针形，先端急尖，鞘部长为叶长的1/2~3/5；叶边全缘，仅尖部具细齿；中肋及顶，或达叶尖略下部消失。叶细胞圆方形或圆多边形，具乳突。

喜生于林区阴湿岩石上。

本种在景宁见于望东垟自然保护区、大仰湖自然保护区、林业总场大际分场、鹤溪街道、红星街道和大均乡等地。国内主要分布于长江以南各省份，山东亦产。

本种植物体较小，叶片长披针形，腋生结节明显，可与其他种类相区别。

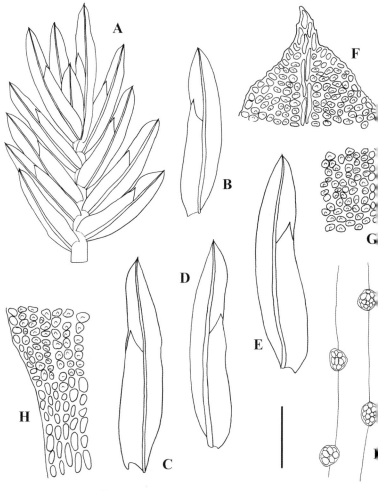

A. 植物体一部分；B~E. 叶；F. 叶尖部细胞；G. 叶中部细胞；H. 叶基部细胞；I. 茎一段，示透明结节（任昭杰绘）
标尺：A. 1.39mm，B~E. 0.83mm，F~H. 69μm，I. 476μm

石生群落，拍摄于鹤溪街道双后岗村

拍摄于大均乡垟坑村

卷叶凤尾藓
Fissidens dubius P. Beauv.

植物体中等大小至较大，绿色至暗绿色，有时带褐色。茎通常单一，无腋生结节。叶披针形，先端急尖，鞘部长为叶长的3/5~2/3；叶边由3~5列细胞构成浅色边缘，先端具不规则齿；中肋及顶至略突出。叶细胞圆六边形，具乳突。孢蒴不对称。蒴帽钟形。

喜生于阴湿土表、岩面，也生于树干和腐木上。

本种在景宁较为常见，各自然保护区、林业总场各分场及各乡镇（街道）的山区皆有分布。国内各省份均有分布，是凤尾藓属（*Fissidens*）在我国最常见的种类之一。

本种叶边有明显的浅色边缘，且叶常有横波纹，可用放大镜初步判断。

叶

上：石生群落，拍摄于上山头
中：拍摄于望东垟自然保护区白云保护站，示配子体
下：拍摄于上山头，示孢子体

内卷凤尾藓

Fissidens involutus Wilson ex Mitt.

植物体较大或中等，黄绿色、亮绿色至绿色。茎单一或叉状分枝，有不明显腋生透明结节。叶披针形，先端常内卷；鞘部长为叶长的 1/2~3/5；叶边具细齿；中肋及顶，或达叶尖略下部消失。叶细胞圆多边形，具乳头状突起。

喜生于林区阴湿岩石或土表。

本种在景宁见于望东垟自然保护区，大仰湖自然保护区，林业总场草鱼塘分场、大际分场和荒田湖分场等。国内主要分布于长江以南各省份，山东、河南和陕西亦有分布。

本种植物体较大，叶尖部常呈内卷状，可初步判断。

叶

上：石生群落，拍摄于林业总场大际分场猪栏坑
下：拍摄于大仰湖自然保护区善辽林区

大凤尾藓

Fissidens nobilis Griff.

　　植物体形大，粗壮，绿色至深绿色，有时带褐色。茎直立，通常不分枝；无腋生结节。叶披针形至长披针形，先端急尖，鞘部长为叶长的一半；叶边平展，上部具齿；中肋及顶。叶细胞多边形，细胞壁略微加厚，通常平滑，有时具不明显乳突。

　　喜生于林下阴湿土表或岩面薄土上。

　　本种在景宁见于林业总场鹤溪分场、鹤溪街道和渤海镇等地。国内主要分布于长江以南各省份。

　　本种植物体较大且粗壮，通常不分枝，易于辨识。

上：土生群落，拍摄于少
年宫
下：拍摄于毛垟乡

十四、凤尾藓科 Fissidentaceae

曲肋凤尾藓

Fissidens oblongifolius Hook. f. & Wilson

植物体形小，黄绿色至深绿色。茎直立，单一或分枝；无腋生结节。叶长披针形，先端急尖，鞘部长为叶长的一半；叶边平展，上部具细齿；中肋单一，中上部曲折，达叶尖下部消失。叶细胞圆多边形，具乳头状突起。孢蒴直立至倾立，椭圆状卵形。

喜生于林下土表、岩面或岩面薄土上。

本种在景宁仅见于九龙乡九龙山。国内主要分布于华东、华南和西南等地区。

上：石生群落，拍摄于九龙乡九龙山
下：拍摄于九龙乡九龙山

垂叶凤尾藓
Fissidens obscurus Mitt.

植物体中等大小，比较粗壮。茎较硬挺，稀疏分枝，无腋生结节。叶向下弯垂，披针形，先端阔急尖至较圆钝；叶边平展、全缘，仅尖部具细圆齿；中肋在叶尖下部消失。叶细胞多边形或圆多边形，厚壁，平滑。

喜生于林下潮湿岩面或岩面薄土上。

本种在景宁见于望东垟自然保护区和上山头。国内主要分布于华东、华南地区。

本种叶在湿润状态下通常向下弯垂，叶先端阔急尖或钝尖，中肋不及顶，易于辨识。

上：石生群落，拍摄于望东垟自然保护区白云保护站

下：拍摄于望东垟自然保护区白云保护站

十五、丛藓科 Pottiaceae

小扭口藓

Barbula indica (Hook.) Spreng.

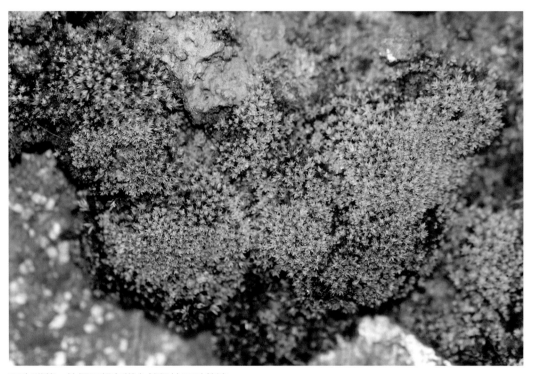

石生群落，拍摄于望东垟自然保护区科普馆

植物体矮小，黄绿色至深绿色，通常密集丛生。茎直立，未见分枝。无性芽胞多球形，生于叶腋。叶长卵状舌形，先端圆钝，一般具小尖头；叶边平展，全缘；中肋粗壮，及顶至略突出。叶细胞圆多边形，密被细疣。孢蒴直立，长卵状圆柱形。蒴齿细长，蒴盖圆锥形。

喜生于岩面、岩面薄土或土表。

本种在景宁见于望东垟自然保护区科普馆附近。国内主要分布于华北、华东、华南和西南等地。

本种矮小丛生，叶先端钝，孢蒴长卵状圆柱形，可用放大镜初步判断。

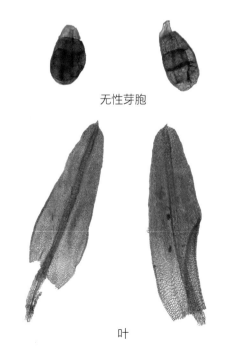

无性芽胞

叶

扭口藓

Barbula unguiculata Hedw.

植株形小，绿色至深绿色，密集丛生。茎直立，叉状分枝。叶卵状披针形或卵状舌形，先端急尖；叶边中下部背卷，全缘；中肋粗壮，及顶或突出于叶尖，成小尖头。叶细胞多边形至圆多边形，具多个小马蹄形疣。蒴柄细长，红褐色。孢蒴直立，圆柱形。蒴齿细长。

生于土表、岩面或岩面薄土上。

本种在景宁见于鹤溪街道、红星街道和毛垟乡等地。国内绝大部分省份有分布。

本种植物体较小，常在乡村、路边、花坛等地形成群落，叶形变化较大，孢蒴圆柱形，蒴齿线形，可用放大镜初步辨识。

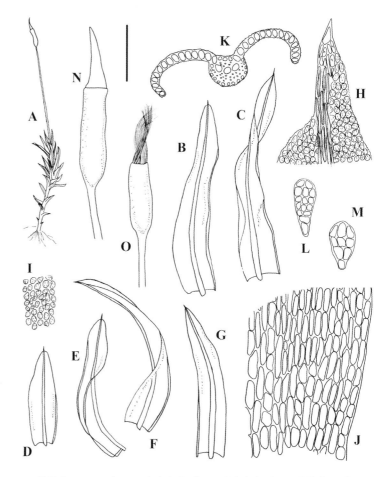

A. 植物体；B~G. 叶；H. 叶尖部细胞；I. 叶中部细胞；J. 叶基部细胞；K. 叶横切面；L~M. 无性芽胞；N~O. 孢蒴（任昭杰绘）
标尺：A. 4.2mm，B~G. 1.04mm，H~J. 104μm，K. 167μm，L~M. 139μm，N~O. 1.67mm

拍摄于鹤溪街道东弄村

叶

十五、丛藓科 Pottiaceae

陈氏藓

Chenia leptophylla (Müll. Hal.) R. H. Zander

植物体矮小，绿色至暗绿色，有时带棕色，稀疏或密集丛生。茎直立，单一，未见分枝。叶狭卵状披针形，先端阔急尖或具短尖头；叶边多平展，中下部全缘，上部具细齿；中肋细弱，达叶尖略下部消失。叶细胞方形至六边形，薄壁。

喜生于土表或岩面薄土上。

本种在景宁见于鹤溪街道花园岗和东坑镇深垟村等地。国内主要分布于吉林、山西、山东、新疆、浙江、台湾、贵州和西藏等省份。

本种植物体矮小，颜色较暗沉，叶先端阔、急尖，且叶尖多一侧偏斜，可用放大镜初步辨识。

拍摄于东坑镇深垟村

叶

尖叶对齿藓
Didymodon constrictus (Mitt.) Saito

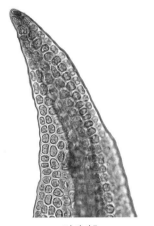

叶尖部

石生群落，拍摄于望东垟自然保护区科普馆

植物体中等大小或较小，黄绿色至暗绿色，有时带棕褐色。茎直立，少分枝。叶卵状披针形，先端具狭长尖；叶边背卷，全缘；中肋及顶。叶细胞通常圆多边形，具1至多个细疣。孢蒴圆柱形。蒴盖圆锥形。蒴齿细长，呈逆时针扭转。

喜生于土表、岩面或岩面薄土上。

本种在景宁见于望东垟自然保护区科普馆、英川镇香炉山等地。国内大部分省份有分布，是对齿藓属（*Didymodon*）在我国最常见的种类。

本种通常密集丛生，叶尖较长、略背仰，可用放大镜初步判断。

拍摄于望东垟自然保护区科普馆

十五、丛藓科 Pottiaceae

卷叶湿地藓
Hyophila involuta (Hook.) A. Jaeger

植物体形小，黄绿色至暗绿色，稀疏至密集丛生。茎直立，通常单一。叶长椭圆状舌形，先端圆钝，干燥时强烈内卷；叶边平展，上部具明显锯齿；中肋粗壮，及顶。叶细胞较小，圆多边形，无疣。孢蒴圆柱形，直立。

喜生于岩面、土表或岩面薄土上。

本种在景宁见于望东垟自然保护区、大仰湖自然保护区、林业总场草鱼塘分场、鹤溪街道和毛垟乡等地。国内绝大部分省份有分布。

本种叶较宽大，干燥时卷曲，先端通常先内卷，易于辨识。

在人工围墙上形成大片群落，拍摄于大仰湖自然保护区夕阳坑

干燥情况下，叶片卷曲，拍摄于望东垟自然保护区

狭叶拟合睫藓

Pseudosymblepharis angustata (Mitt.) Chen

植物体中等大小，粗壮，黄绿色，通常是密集丛生。茎直立，通常不分枝。叶狭长，干时强烈卷缩，基部鞘状抱茎，先端长渐尖；叶边平展，全缘；中肋粗壮，及顶至突出于叶尖。叶细胞圆多边形，具密疣。

喜生于土表或岩面薄土上。

本种在景宁见于望东垟自然保护区、林业总场大际分场、鹤溪街道和雁溪乡等地。国内大部分省份有分布。

本种较为粗壮，密集丛生，叶片狭长，干燥时强烈卷缩，可初步判断。

上：石生群落，拍摄于望东垟自然保护区
下：拍摄于望东垟自然保护区

长叶纽藓

Tortella tortuosa (Hedw.) Limpr.

拍摄于大仰湖自然保护区善辽林区

　　植物体形小至中等，黄绿色至绿色，密集丛生。茎直立，通常分枝。叶狭长披针形至线状披针形；叶边通常平展，有时不规则狭背卷；中肋突出于叶尖。叶细胞多边形，具多个圆疣；基部细胞长方形，与上部细胞形成明显界限，形成一个V形基部。

　　喜生于土表、岩面或岩面薄土上。

　　本种在景宁仅见于大仰湖自然保护区善辽林区。国内大部分省份有分布。

　　本种叶狭长披针形至线状披针形，干燥时卷曲，可初步辨识。

平叶毛口藓
Trichostomum planifolium (Dixon) R. H. Zander

　　植物体形小，绿色至暗绿色，密集丛生。茎直立，叉状分枝。叶长卵状舌形，叶基宽阔，先端钝；叶边全缘，平展，先端有时略内卷；中肋粗壮，及顶或略突出于叶尖。叶细胞多边形至圆多边形，密被细疣。孢蒴长卵形，直立。

　　喜生于土表、岩面或岩面薄土上。

　　本种在景宁见于鹤溪街道严村和望东垟自然保护区科普馆等地。国内大部分省份有分布。

拍摄于鹤溪街道严村

阔叶毛口藓

Trichostomum platyphyllum (Iisiba) P. C. Chen

植物体形小，黄绿色至暗绿色，密集丛生。茎直立，单一或叉状分枝。叶宽大，长椭圆形至匙形，先端急尖或略钝，基部狭窄；叶边平展，有时略背卷，全缘；中肋粗壮，长达叶尖。叶细胞多边形，具多个圆疣。

喜生于土表或岩面薄土上。

本种在景宁见于毛垟乡、沙湾镇黄水坑、鹤溪街道石印山和大均乡大均村等地。国内主要分布于东北、华东、华南和西南等地区。

本种叶片较宽大，先端阔急尖或较钝，可用放大镜初步辨识。

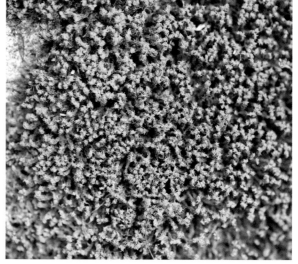

叶

上：石生群落，拍摄于石印山
中：干燥状态下的群落，拍摄于毛垟乡
下：拍摄于大均乡大均村

波边毛口藓

Trichostomum tenuirostre (Hook. f. & Taylor) Lindb.

植物体中等大小或较小，黄绿色至深绿色。茎直立，一般叉状分枝。叶线状披针形，干燥时强烈卷缩，先端渐尖，基部略抱茎；叶边常呈波状，全缘；中肋一般达叶尖下部消失。叶细胞多边形至圆多边形，密被圆疣。孢蒴直立，长圆柱形。

喜生于土表或岩面薄土上。

本种在景宁较常见，各自然保护区、林业总场各分场及各乡镇（街道）的山区均有分布。国内各省份有分布。

本种与狭叶拟合睫藓相似，干燥时叶都强烈卷缩，但本种叶基部不呈鞘状或呈不明显的鞘状，可用放大镜观察。

叶

上：土生群落，拍摄于鹤溪街道滩岭村
下：拍摄于望东垟自然保护区白云保护站

129

东亚小石藓

Weissia exserta (Broth.) P. C. Chen

　　植物体形小，黄绿色至深绿色，密集丛生。茎直立，单一或叉状分枝。叶多簇生于茎顶，狭长披针形；叶边全缘，多平展；中肋及顶至略突出于叶尖。叶细胞圆多边形，密被马蹄形细疣。蒴柄细长。孢蒴长椭圆状卵形，直立。

　　喜生于土表或岩面薄土上。

　　本种在景宁见于鹤溪街道、红星街道、英川镇、毛垟乡、沙湾镇和林业总场鹤溪分场等地。国内大部分省份有分布。

　　本种密集丛生，叶片狭长，干燥时卷缩，孢蒴长椭圆状卵形，可初步辨识。

植物体

上：石生群落，拍摄于鹤溪街道扫口绿道
下：拍摄于景宁城区周边，示孢子体

皱叶小石藓
Weissia longifolia Mitt.

植物体形小，绿色至暗绿色，丛生。叶多簇生于茎顶，长卵形或卵状披针形；叶边全缘、背卷；中肋及顶或略突出于叶尖。叶细胞圆多边形，密被马蹄形细疣。蒴柄极短。孢蒴球形，隐生于雌苞叶之内。

喜生于土表、岩面、岩缝或岩面薄土上。

本种在景宁见于林业总场鹤溪分场、鹤溪街道和毛垟乡等地。国内大部分省份有分布。

本种植物体矮小、丛生，叶干燥时卷缩，孢蒴球形、黑褐色，隐生于雌苞叶内，较易辨识。

叶

上：拍摄于鹤溪街道扫口绿道，示配子体

下：拍摄于毛垟乡，示孢子体

131

虎尾藓
Hedwigia ciliata Ehrh. ex P. Beauv.

植物体中等大小至较大，粗壮，硬挺，绿色至深绿色，有时带黑褐色。茎不规则分枝。叶多卵状披针形，先端尖锐，具透明毛尖，毛尖一般具齿；叶边全缘，略背卷；中肋缺失。叶细胞具粗疣或叉状疣，基部细胞具多疣。孢蒴隐生于雌苞叶之内，近球形。

喜生于岩面。

本种在景宁见于林业总场草鱼塘分场和大仰分场、鹤溪街道、大均乡、毛垟乡、东坑镇等地。国内各省份均有分布。

本种耐干旱，常在向阳山坡岩面形成群落，植物体较为硬挺，叶先端有透明毛尖，孢蒴隐生于雌苞叶之内，较易辨识。

拍摄于毛垟乡

石生群落，拍摄于东坑镇深垟村

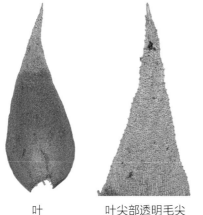

叶　　　叶尖部透明毛尖

干燥情况下，向阳裸岩上的大片群落，拍摄于毛垟乡红军道

亮叶珠藓

Bartramia halleriana Hedw.

　　植物体中等大小至较大，黄绿色至绿色。茎直立，单一或分枝。叶狭长，干燥时扭曲，湿时背仰，基部呈鞘状，上部线形；叶边平展，具粗齿；中肋突出于叶尖。叶细胞短方形，具疣。蒴柄短。孢蒴球形，具深纵褶。

　　喜生于林下岩面或树基部。

　　本种在景宁见于望东垟自然保护区和大仰湖自然保护区。国内大部分省份有分布。

　　本种蒴柄短，孢蒴球形，生于枝条侧面，易于辨识。没有孢蒴的情况下，本种易与属内其他种类及曲尾藓属（*Dicranum*）、桧藓属（*Pyrrhobeyum*）植物混淆。

土生群落，拍摄于大仰湖自然保护区善辽林区

拍摄于大仰湖自然保护区善辽林区

叶

十七、珠藓科 Bartramiaceae

泽藓
Philonotis fontana (Hedw.) Brid.

拍摄于林业总场荒田湖分场大浪坑

植物体中等大小，较为粗壮，黄绿色至绿色，密集丛生。叶卵形或披针形，先端长渐尖，通常一侧偏曲；叶边平展或略背卷；中肋及顶或突出于叶尖。叶细胞具疣，腹面观位于上端，背面观位于下端。蒴柄较长，直立。孢蒴球形或近球形。

喜生于阴湿岩面或岩面薄土上。

本种在景宁见于林业总场草鱼塘分场、荒田湖分场和鹤溪街道东弄村等地。国内分布于大部分省份。

本属植物常在滴水崖壁或岩石上形成小群落，紧密丛生，往往有光泽，具观赏价值。

叶

密叶泽藓

Philonotis hastata (Duby) Wijk & Marg.

植物体通常较小，黄绿色，多具光泽，密集丛生。茎直立，多单一。叶椭圆状卵形，先端尖锐，有时略钝；叶边平展或略背卷，中上部具齿；中肋达叶尖略下部消失。叶细胞近方形或菱形。蒴柄较长，直立。孢蒴近球形。

喜生于阴湿岩面或岩面薄土上。

本种在景宁见于林业总场大际分场和草鱼塘分场、毛垟乡、红星街道等地。国内主要分布于华东、华中、华南和西南等地区。

本种叶尖较短，可与景宁分布的泽藓属（*Philonotis*）大部分种类相区别。

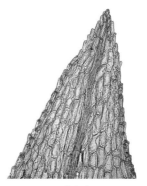

叶尖部

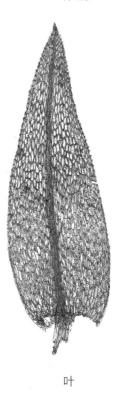

叶

上：石生群落，拍摄于林业总场大际分场老婆丘
下：拍摄于红星街道大吴山村

135

十七、珠藓科 Bartramiaceae

细叶泽藓
Philonotis thwaitesii Mitt.

植物体形小，偶有略粗壮情况，黄绿色至深绿色，通常具光泽。茎直立，通常单一。叶披针形或长三角形，先端长渐尖；叶边背卷，具明显的齿；中肋突出于叶尖，呈芒状。叶细胞长方形至近线形，腹面有疣突，位于细胞上端。蒴柄细长，直立。孢蒴近球形。

喜生于阴湿岩面或岩面薄土上。

本种在景宁较为常见，各自然保护区、林业总场各分场和各乡镇（街道）的山区有分布。国内主要分布于华东、华中、华南和西南等地区，辽宁和陕西也产。

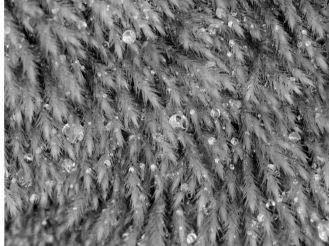

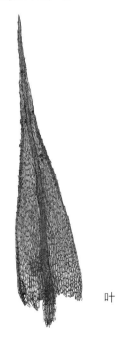

叶

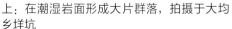
上：在潮湿岩面形成大片群落，拍摄于大均乡垟坑
中：拍摄于大地乡水溪村，示配子体
下：拍摄于毛垟乡红军道，示孢子体

东亚泽藓
Philonotis turneriana (Schwägr.) Mitt.

在滴水岩壁上形成大片群落，拍摄于红星街道王金垟村

拍摄于少年宫，示孢子体

拍摄于雁溪乡半溪村，示配子体

植物体形小至中等，黄绿色至绿色。茎直立，通常单一。叶三角状披针形至狭披针形，先端长渐尖；叶边平展，具齿；中肋及顶或突出于叶尖，先端背面具齿。叶细胞长方形至近线形，有疣突，腹面观位于上端，背面观不明显。蒴柄细长，直立。孢蒴近球形。

喜生于阴湿岩面或岩面薄土上。

本种在景宁见于林业总场鹤溪分场、雁溪乡和红星街道等地。国内大部分省份有分布。

本种植物体和叶形均与细叶泽藓相似，但本种叶边平展，而后者明显背卷。

十八、真藓科 Bryaceae

饰边短月藓

Brachymenium longidens Renauld & Cardot

　　植物体形小，黄绿色至暗绿色，有时带棕色，稀疏丛生。茎直立，叉状分枝。叶长匙形，先端渐尖；叶边中上部具齿，中下部背卷；中肋单一，突出于叶尖，呈芒状。叶细胞不规则六边形，平滑，叶边分化为2~5列狭长细胞。孢蒴直立，长卵圆形。

　　喜生于林下树干或腐殖质上。

　　本种在景宁见于大仰湖自然保护区善辽林区和大仰湖附近、望东垟自然保护区、林业总场草鱼塘分场、上山头等地。国内主要分布于华东和西南等地。

　　本种植物体小，叶常在茎顶排列成莲座状，中肋突出于叶尖，呈芒状，孢蒴直立，可初步辨识。

叶

上：石生群落，拍摄于大仰湖自然保护区大仰湖边
下：拍摄于望东垟自然保护区白云保护站，示配子体

真藓

Bryum argenteum Hedw.

植物体形小，银白色至淡绿色，丛生。茎直立，单一。叶密集覆瓦状排列，宽卵圆形至近圆形，先端具钝尖至渐尖，上部无色透明，下部淡绿色；叶边全缘，平展；中肋在叶尖下部消失。蒴柄直立，细长。孢蒴下垂，多卵圆形。

喜生于土表、岩缝或岩面薄土上。

本种在景宁见于望东垟自然保护区、林业总场草鱼塘分场、上山头、鹤溪街道、大均乡等地。国内各省份均有分布。

本种是世界广布种，植物体较小，颜色银白色至淡绿色，孢蒴下垂，易于辨识。

上：拍摄于大均乡新亭村，示配子体
下：拍摄于林业总场草鱼塘分场，示孢子体

十八、真藓科 Bryaceae

比拉真藓

Bryum billarderi Schwägr.

植物体中等大小，粗壮，绿色至深绿色，通常稀疏丛生。茎直立，单一或分枝。叶在茎顶端排列成莲座状，长倒卵圆形，先端急尖至短渐尖；叶中下部背卷，先端具齿；中肋突出于叶尖，呈短芒状。叶细胞长六边形，边缘分化为3~5列狭长细胞。

喜生于林下土坡、土表或岩面薄土上。

本种在景宁较为常见，各自然保护区、林业总场各分场以及各乡镇（街道）的山区都有分布。国内主要分布于华东、华中、华南、西南和西北等地区。

本种较为粗壮，常在林下形成疏松群落，叶在茎顶排列成莲座状，易于辨识。

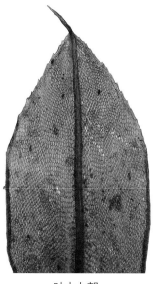

叶中上部

上：土生群落，拍摄于望东垟自然保护区枫水垟保护站
中：拍摄于大均乡李宝村
下：拍摄于鹤溪街道滩岭村，示孢子体

细叶真藓

Bryum capillare Hedw.

植物体形小，黄绿色至深绿色，丛生。茎直立，多单一。叶多倒卵形，最宽处在叶中部，先端具短尖；叶边平展或略背卷，先端具细齿；中肋突出于叶尖，呈芒状。叶细胞六边形或菱形，边缘分化为1~2列狭长细胞。孢蒴棒槌形，平列至下垂，台部明显。

喜生于土表或岩面薄土上。

本种在景宁见于大仰湖自然保护区、望东垟自然保护区、上山头、大均乡、景南乡、毛垟乡和鹤溪街道等地。国内大部分省份有分布。

本种为世界广布种，孢蒴较长，棒槌状，有明显台部，平列至下垂，可初步判断。

叶

上：拍摄于上山头，示配子体
下：拍摄于景南乡东塘村，示孢子体

十八、真藓科 Bryaceae

双色真藓

Bryum dichotomum Hedw.

植物体形小，黄绿色至暗绿色，有时带棕褐色。茎直立，未见分枝。叶腋常有无性芽胞。叶卵状披针形或长椭圆状披针形，渐尖；叶边平展，仅先端具细齿；中肋粗壮，突出于叶尖，呈芒状。叶细胞六边形或菱形，不形成明显分化边缘。孢蒴下垂，椭圆柱形，台部膨大。

喜生于路边土表、岩缝或岩面薄土上。

本种在景宁见于望东垟自然保护区、上山头、大均乡、毛垟乡和红星街道等地。国内主要分布于华北、华东、华南、华中和西南等地区。

本种孢蒴台部膨大，且成熟后变红，可初步判断。

拍摄于少年宫后面

拍摄于大均乡李宝村

韩氏真藓

Bryum handelii Broth.

植物体形小至中等，较粗壮，黄绿色至亮绿色。茎直立，未见分枝。叶舌形或长卵圆形，上部龙骨状，先端钝，受压后易呈"丫"状开裂；叶边平展，仅先端具细齿；中肋达叶尖略下部消失。叶细胞长菱形，不形成明显分化边缘。孢蒴长椭圆形，平列至下垂。

喜生于阴湿岩面、岩缝或岩面薄土上。

本种在景宁见于鹤溪街道半垟村和红星街道王金垟村。国内主要分布于华中、西南和华东地区，陕西亦有分布。

本种多在水湿环境下形成群落，颜色鲜亮，叶尖较钝，可用放大镜初步判断。

在阴湿岩面形成大片群落，拍摄于红星街道王金垟村

拍摄于鹤溪街道半垟村

叶

十八、真藓科 Bryaceae

拟三列真藓
Bryum pseudotriquetrum (Hedw.) Gaertn.

拍摄于林业总场草鱼塘分场夫人坑

　　植物体中等大小，粗壮，丛生。茎直立，单一或分枝。叶卵圆形或卵状披针形，渐尖；叶边背卷，全缘，或仅先端具细齿；中肋粗壮，略突出于叶尖。叶细胞菱形或六边形，薄壁，边缘分化多列狭长细胞。孢蒴棒状，平列至下垂。

　　喜生于林区阴湿土表或岩面薄土上。

　　本种在景宁见于林业总场大际分场、草鱼塘分场和鹤溪街道滩岭坑等地。国内大部分省份有分布。

　　本种植物体较为粗壮，叶片宽大，常生于溪水边，可初步辨识。

叶

暖地大叶藓

Rhodobryum giganteum (Schwägr.) Paris

植物体形大，粗壮，亮绿色至深绿色，稀疏丛生。主茎匍匐，支茎直立。叶簇生于茎顶，呈莲座状，长舌形或匙形，最宽处在叶中上部；叶边具双列齿，上部平展，下部内卷；中肋及顶；叶细胞长菱形，分化边不明显。孢蒴下垂，长棒状，具不明显台部。

喜生于林下腐殖质丰富的土表或岩面薄土上。

本种在景宁见于望东垟自然保护区，林业总场大际分场、鹤溪分场、荒田湖分场，上山头等地。国内主要分布于长江以南各省份，甘肃和陕西亦有分布。

本种体形、叶形均较大，叶于茎顶呈莲座状，形态优美，易于辨识。

叶

上：土生群落，拍摄于上山头
中：拍摄于上山头
下：拍摄于上山头

十九、提灯藓科 Mniaceae

平肋提灯藓
Mnium laevinerve Cardot

植物体中等大小，略粗壮，黄绿色至暗绿色，通常疏松丛生。茎直立，通常单一。叶卵圆状披针形，先端渐尖；叶边平展，具双列齿；中肋及顶，背面无刺。叶细胞不规则多边形或者圆多边形，叶缘由2~3列狭长细胞构成分化边。

喜生于林区阴湿土表或岩面薄土上。

本种在景宁见于望东垟自然保护区、大仰湖自然保护区，林业总场大际分场、荒田湖分场、草鱼塘分场，鹤溪街道东弄村和滩岭村等地。国内各省份均有分布。

叶

上：拍摄于林业总场草鱼塘分场夫人坑
中：拍摄于鹤溪街道滩岭村
下：拍摄于望东垟自然保护区渔际坑保护站

匍灯藓

Plagiomnium cuspidatum (Hedw.) T. J. Kop.

植物体中等大小，黄绿色至深绿色。茎匍匐，稀疏分枝。叶疏生，通常卵状披针形，先端渐尖；叶边平展，中上部具单列齿；中肋粗壮，及顶至略突出。叶细胞不规则多边形，不规则加厚，平滑，边缘由2~4列狭长细胞构成分化边。

喜生于阴湿土表、岩面或岩面薄土上。

本种在景宁较为常见，各自然保护区、林业总场各分场、各乡镇（街道）的山区等均有分布。国内绝大部分省份均产。

本种植物体匍匐；叶卵状披针形，干燥时皱缩，先端渐尖，边缘有齿，可用放大镜初步判断。

叶

上：干燥状态下的土生群落，拍摄于大均乡新亭村
中：拍摄于少年宫后面，示孢蒴
下：拍摄于毛垟乡，示雄苞

十九、提灯藓科 Mniaceae

侧枝匍灯藓

Plagiomnium maximoviczii (Lindb.) T. J. Kop.

植物体较大，粗壮。主茎匍匐，支茎直立。叶长卵状或长椭圆状舌形，先端圆钝、截形或阔急尖，通常具小尖头，具明显横波纹；叶边具疏钝齿；中肋粗壮，及顶。叶细胞不规则圆形，中肋两侧各有1列大形整齐细胞，比临近细胞大2~4倍，叶边由2~4列狭长细胞构成分化边。

生于阴湿土表、岩面薄土或岩面上。

本种在景宁较为常见，各自然保护区、林业总场各分场及各乡镇（街道）的山区均有分布。国内绝大部分省份均产。

本种植物体较粗壮，叶长椭圆形，具明显横波纹，先端通常平截且具小尖头，叶边具疏短齿，可用放大镜初步判断。

拍摄于望东垟自然保护区渔际坑保护站，示孢子体

上：石生群落，英川镇岗头村
下：拍摄于上山头，示配子体

大叶匐灯藓

Plagiomnium succulentum (Mitt.) T. J. Kop.

植物体较大，粗壮，多深绿色。茎匐匍。叶大，疏生，通常阔椭圆形，先端圆钝，具小尖头；叶边中上部具细齿；中肋在叶尖略下部消失。叶细胞较大，不规则多边形，薄壁，叶边由1~3列狭长细胞构成的分化边，分化边内侧有1~2列较大的细胞。

喜生于阴湿土坡或岩面薄土上。

本种在景宁见于林业总场大际分场和鹤溪分场、鹤溪街道、大均乡、毛垟乡等地。国内大部分省份有分布。

本种叶片阔椭圆形，形大，易于辨识。

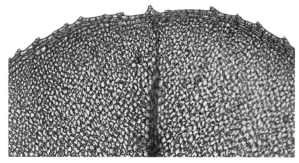

叶尖部

石生群落，拍摄于大均乡李宝村

拍摄于鹤溪街道滩岭村

十九、提灯藓科 Mniaceae

具丝毛灯藓

Rhizomnium tuomikoskii T. J. Kop.

　　植物体细小，黄绿色至暗绿色，有时带棕色。茎直立，多单一。叶通常倒卵圆形，先端具小尖头；叶边全缘、平展；中肋单一，达叶尖略下部。叶细胞六边形，平滑。假根较多，且生有多数丝状芽胞。

　　喜生于林下土表、腐殖质或岩面薄土上。

　　本种在景宁见于望东垟自然保护区白云保护站和林业总场荒田湖分场、大际分场、草鱼塘分场等地。国内主要分布于西南和华东等地。

　　本种具多数丝状芽胞，易于辨识。

叶

上：土生群落，拍摄于望东垟自然保护区白云保护站
下：拍摄于林业总场大际分场猪栏坑，植物体上面褐色的为丝状芽胞

疣灯藓

Trachycystis microphylla (Dozy & Molk.) Lindb.

石生群落，拍摄于鹤溪街道东弄村

植物体形小至中等，通常较为纤细，黄绿色至绿色，丛生。茎直立，单一，或顶端丛生多数细枝。叶长卵状披针形，渐尖；叶边平展，中上部具粗齿；中肋及顶，先端背面具刺状齿。叶细胞多角状圆形，具乳头状突起，叶边细胞短长方形。

生于土表、岩面或岩面薄土上。

本种在景宁较为常见，各自然保护区、林业总场各分场、各乡镇（街道）的山区均有分布。国内绝大部分省份均产。

本种植物体与叶形均与提灯藓属（*Mnium*）部分种类相似，但本种叶边中上部具粗齿，且叶尖略偏曲，可用放大镜初步判断。

拍摄于林业总场草鱼塘分场夫人坑

二十、木灵藓科 Orthotrichaceae

小疣毛藓

Leratia exigua (Sull.) Goffinet

　　植物体形小，暗绿色至棕绿色，常呈垫状。茎直立，单一，未见分枝。叶披针状椭圆形至椭圆形，先端圆钝或具小尖头；叶边全缘、平展；中肋粗壮，达叶尖略下部。叶细胞圆方形，具疣。蒴柄短，孢蒴椭圆形，隐生于雌苞叶内；蒴盖具短喙；蒴帽圆锥形，有纵褶，具少数透明短毛。

　　喜生于林下树干上。

　　本种在景宁见于望东垟自然保护区白云保护站和林业总场草鱼塘分场等地。国内主要分布于西南、华中和华东等地。

　　本种植物体小，多在树干上形成小垫状群落，叶尖圆钝，蒴帽圆锥形且具少数透明短毛，可用放大镜初步判断。

蒴帽

叶

拍摄于望东垟自然保护区白云保护站

细枝直叶藓
Macrocoma sullivantii (Müll. Hal.) Grout

拍摄于望东垟自然保护区白云保护站

　　植物体中等大小，通常较为纤细，一般橄榄绿色。主茎匍匐，不规则分枝。茎叶干燥时直立贴茎，披针形至卵状披针形，上部多呈龙骨状，先端锐尖；叶边全缘，下部常背卷；中肋达叶尖下部消失。叶细胞圆方形，平滑。枝叶与茎叶近同形，较小。孢蒴椭圆柱形。蒴帽钟形，有毛。

　　喜生于林区树干或树枝上。

　　本种在景宁见于望东垟自然保护区和林业总场大际分场等地。国内主要分布于华东、华中和西南等地。

　　本种多在树干上形成群落，颜色多为橄榄绿色或褐绿色，叶干燥时贴茎，可初步判断。

二十、木灵藓科 Orthotrichaceae

缺齿蓑藓

Macromitrium gymnostomum Sull. & Lesq.

植物体中等大小至大形，黄绿色至绿色，通常带黑褐色。茎匍匐，羽状分枝，分枝直立。茎叶椭圆状披针形，先端渐尖；叶边通常平展、全缘；中肋达叶尖略下部消失。叶细胞近圆形，具疣。枝叶卵状披针形。孢蒴高出雌苞叶，直立，椭圆柱形，蒴齿缺失。蒴帽兜形，无毛。

喜生于林区树干、树枝或岩石上。

本种在景宁见于大仰湖自然保护区善辽林区和大均乡新亭村等地。国内主要分布于长江以南地区，吉林和山东亦有分布。

石生群落，拍摄于大仰湖自然保护区善辽林区

拍摄于大均乡新亭村

长帽蓑藓

Macromitrium tosae Besch.

植物体中等大小至大形，黄绿色至绿色，通常带黑褐色。茎匍匐，分枝直立。茎叶卵状椭圆形，先端狭渐尖；叶边平滑，下部常背卷；中肋达叶尖略下部消失。叶细胞近圆形，具疣。枝叶长椭圆形或长舌形。孢蒴高出雌苞叶，直立，椭圆柱形。蒴帽较大，兜形，具毛。

喜生于林区树干、树枝或岩石上。

本种在景宁较为常见，各自然保护区、林业总场各分场均有分布。国内主要产于华东和西南等地。

本种蒴柄较长，蒴帽较大，区别于属内多数种类。

叶　　　　小枝

上：树生群落，拍摄于上山头
中：拍摄于大仰湖自然保护区善辽林区，示配子体
下：拍摄于大仰湖自然保护区善辽林区，示孢子体

二十、木灵藓科 Orthotrichaceae

南亚火藓
Schlotheimia grevilleana Mitt.

拍摄于鹤溪街道严村

　　植物体中等大小至大形，粗壮，深绿色至棕褐色。茎匍匐，分枝直立。叶卵状披针形，先端渐尖；叶边平展，全缘；中肋单一，突出于叶尖，呈芒状。枝叶与茎叶近同形。叶细胞圆多边形，平滑。孢蒴圆柱形，直立至倾立。

　　喜生于林下树干或倒木上。

　　本种在景宁见于大均乡李宝村和鹤溪街道严村。国内主要分布于华东、华南和西南等地区。

卷叶藓

Ulota crispa (Hedw.) Brid.

植物体形小，上部黄绿色，下部通常颜色暗沉，密集丛生，有时呈垫状。茎直立，稀疏叉状分枝。叶干燥时强烈卷缩，披针形至狭长披针形，先端急尖至渐尖；叶边通常背卷，有时平展；中肋达叶尖略下部。孢蒴高出雌苞叶，椭圆柱形，具纵褶，台部明显。

喜生于林区树干和树枝上。

本种在景宁见于大仰湖自然保护区、望东垟自然保护区、林业总场草鱼塘分场和上山头等地。国内主要分布于华东、华中和西南等地。

本种植物体形小，常在枝干上形成垫状小群落，孢蒴常见，可初步判断。

石生群落，拍摄于大仰湖自然保护区大仰湖附近

拍摄于望东垟自然保护区

叶

二十一、桧藓科 Rhizogoniaceae

大桧藓

Pyrrhobryum dozyanum (Sande. Lac.) Manuel

　　植物体形大，硬挺、粗壮，黄绿色至深绿色，有时带褐色，密集丛生。茎直立，单一或束状分枝。叶狭长披针形，渐尖；叶边具双列齿；中肋粗壮，达叶尖部。叶细胞多边形，厚壁。孢蒴通常下垂，圆柱形，略背曲。

　　喜生于林区阴湿土表、树基部或岩面薄土上。

　　本种在景宁见于林业总场荒田湖分场芥菜圩林区石马头脚、大浪坑林区和上山头等地。国内主要分布于长江以南各省份，陕西亦产。

　　本种植物体高大，密集丛生，叶片狭长，易于辨识。

叶

拍摄于上山头

薄壁卷柏藓

Racopilum cuspidigerum (Schwägr.) Åongström

植物体中等大小或较小，黄绿色至绿色，有时带褐色。茎匍匐，羽状分枝或不规则分枝。叶分为侧叶和背叶，干燥时卷曲；侧叶长卵形，先端渐尖；背叶较小，长卵形或长心形；叶边中上部具齿；中肋强劲，突出于叶尖，呈芒状。叶细胞多边形，平滑。

喜生于岩面或树干上。

本种在景宁见于林业总场鹤溪分场、鹤溪街道、毛垟乡、大均乡、梅歧乡、梧桐乡等地。国内主要分布于西南、华东、华中和华南等地区。

本种通常交织成片，干燥时叶片卷曲，类似匍灯藓属（*Plagiomnium*）植物；但本种具背叶，且明显比侧叶小，叶尖均长芒状，可用放大镜初步判断。

侧叶

背叶

上：石生群落，拍摄于大均乡新亭村
下：拍摄于毛垟乡政府附近

159

黄边孔雀藓

Hypopterygium flavolimbatum Müll. Hal.

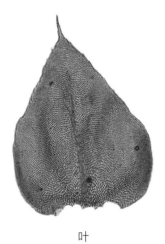

叶

植物体通常中等大小，黄绿色至深绿色。主茎匍匐，支茎直立，上部羽状分枝。叶分为侧叶和腹叶。侧叶阔卵形，先端具短尖；叶边先端具细齿；中肋达叶中上部；叶细胞六边形，叶边分化为1~2列狭长细胞。腹叶较小，近圆形，先端具芒状尖。

喜生于林区阴湿岩面、土表。

本种在景宁见于鹤溪街道扫口村扫口坑、大均乡李宝村和沙湾镇黄水坑等地。国内主要分布于华东、华南和西南等地，陕西亦有分布。

本种密集羽状分枝呈孔雀开屏状，易于辨识。

上：腐殖土生群落，拍摄于大均乡李宝村
下：拍摄于大均乡李宝村

尖叶油藓
Hookeria acutifolia Hook. & Grev.

　　植物体中等大小或较小，灰绿色或黄绿色至绿色，扁平。茎直立，稀分枝。叶异形，卵形或阔披针形，先端急尖或渐尖，多生棒状芽胞；叶边平展，全缘；中肋缺失。叶细胞通常六边形，边缘细胞通常不明显分化。孢蒴长卵形，平列至下垂。蒴帽钟形。

　　喜生于林区阴湿土表、岩面或腐木上。

　　本种在景宁见于望东垟自然保护区，林业总场大际分场、荒田湖分场、草鱼塘分场，鹤溪街道等地。国内主要分布于长江以南各省份，山东亦有分布。

　　本种植物体颜色偏淡，扁平贴生，叶片较大、阔卵形，易于辨识。

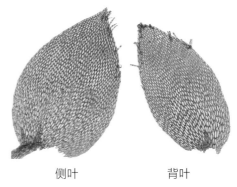

侧叶　　　　　背叶

上：石生群落，拍摄林业总场草鱼塘分场夫人坑
中：拍摄于望东垟自然保护区白云保护站，示配子体
下：拍摄于林业总场草鱼塘分场夫人坑，示孢子体

二十五、棉藓科 Plagiotheciaceae

直叶棉藓

Plagiothecium euryphyllum (Cardot & Thér.) Z. Iwats.

植物体中等大小至较大，通常较为粗壮，淡绿色或黄绿色。茎匍匐，不规则分枝，较为扁平。叶多宽卵形，先端急尖，基部具透明长下延；叶边平展，通常全缘；中肋2条，较为粗壮。叶细胞线形，薄壁，平滑。孢蒴圆柱形，倾立至平列。

喜生于林区阴湿土表、岩面或树基部。

本种在景宁见于望东垟自然保护区、大仰湖自然保护区、林业总场大际分场和上山头等地。国内主要分布于长江以南各省份。

本种通常成松散的片状群落，颜色偏淡，分枝较少，带叶茎枝多扁平，易于辨识。

叶

上：在土坡上形成大片群落，拍摄于上山头
下：拍摄于上山头

八齿碎米藓

Fabronia cilliaris (Brid.) Brid.

植物体细小，黄绿色至绿色，具光泽。茎匍匐，不规则分枝。叶卵形，渐尖；叶边平展，中上部具齿；中肋单一，达叶中部。叶细胞长菱形，薄壁，角细胞方形。蒴柄黄棕色。孢蒴卵圆形，直立。蒴帽兜形。

喜生于树干上。

本种在景宁见于鹤溪街道。国内大部分省份有分布。

本种植物体纤细，多在树干或树皮的裂缝中交织生长，孢蒴通常较为密集，可初步判断。

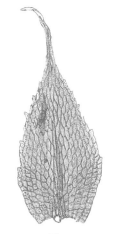

叶

在树干上形成大片群落，拍摄于景宁城区鹤溪中路

二十七、柳叶藓科 Amblystegiaceae

紫色水灰藓

Hygrohypnum purpurascens Broth.

植物体中等大小，黄绿色至暗绿色、紫色，具光泽。茎匍匐，不规则分枝。叶卵形至长卵形，先端急尖至渐尖，常一侧偏曲；叶边通常全缘，有时叶尖具细齿；中肋 2，较短。枝叶与茎叶近同形，较小。叶细胞蠕虫形，平滑。

喜生于山涧溪流岩石上。

本种在景宁见于望东垟自然保护区白云保护站和林业总场荒田湖分场大浪坑等地。国内主要分布于东北地区，浙江亦有分布。

本种多在溪流中岩石上形成大片群落，紫色且具光泽，易辨识。

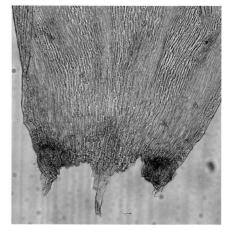

叶基部，示明显分化的角细胞

叶

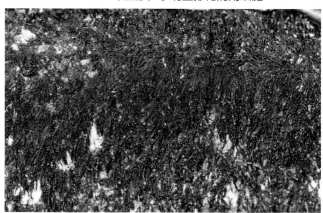

在溪流中潮湿巨石上形成大片群落，拍摄于望东垟自然保护区白云保护站

拍摄于望东垟自然保护区白云保护站

大麻羽藓
Claopodium assurgens (Sull. & Lesq.) Cardot

拍摄于大地乡丁埠头坑

叶

　　植物体中等大小至较大，黄绿色至绿色，有时带棕褐色。茎匍匐，不规则羽状分枝。茎叶阔卵状披针形或三角状披针形，先端长渐尖；叶边具齿，多背卷；中肋。枝叶卵状披针形，较小。叶细胞圆方形，具粗疣。

　　喜生于林下树干或岩面。

　　本种在景宁见于毛垟乡和大地乡等地。国内主要分布于西南、华东和华南等地，秦岭地区亦有分布。

东亚附干藓

Schwetschkea laxa (Wilson) A. Jaeger

　　植物体形小至中等，较纤细，黄绿色至暗绿色，有时带褐色。茎匍匐，不规则分枝。茎叶卵状披针形至长卵状披针形，先端渐尖；叶边平展，上部具细齿；中肋单一，达叶中部。枝叶与茎叶同形，较小。叶细胞薄壁，平滑。孢蒴卵形，倾立至直立。

　　喜生于树干上。

　　本种在景宁见于鹤溪街道、红星街道等地。国内主要分布于华东和西南地区。

　　本种植物体纤细，多在树干上交织成片，叶狭长，可用放大镜初步观察。

拍摄于鹤溪街道扫口绿道，示配子体

拍摄于鹤溪街道东弄村，示孢子体

细叶小羽藓

Haplocladium microphyllum (Hedw.) Broth.

土生群落,拍摄于鹤溪街道鹤溪村

拍摄于大地乡水溪村,示配子体

拍摄于鹤溪街道鹤溪村,示孢子体

拍摄于景宁城区周边,示孢子体

植物体形小至中等,黄绿色至深绿色,有时带棕褐色。茎匍匐,羽状分枝。茎叶基部多宽卵形,向上成长披针形;叶边通常平展,具细齿;中肋多突出于叶尖。枝叶与茎叶同形,较小。叶细胞方形,疣突位于细胞中央。蒴柄细长,橙红色。孢蒴多弓形弯曲。

喜生岩面、土表、岩面薄土上或树干上。

本种在景宁见于鹤溪街道、红星街道、英川镇和大地乡等地。国内大部分省份有分布。

本种植物体及叶形均与狭叶小羽藓(*H. angustifolium*)类似,野外难以区分。

大羽藓

Thuidium cymbifolium (Dozy & Molk.) Dozy & Molk.

植物体形大，粗壮，黄绿色至暗绿色。茎匍匐，规则二回羽状分枝。鳞毛密生。茎叶基部三角状卵形，突成狭长披针形尖，毛尖通常由6~10个单列细胞组成；叶边多背卷，上部具细齿；中肋达叶尖部。枝叶卵形至长卵形，较小。叶细胞卵状菱形至椭圆形，具单个刺状疣。

喜生于林区土表、岩面或岩面薄土上。

本种在景宁较为常见，各自然保护区、林业总场各分场及各乡镇（街道）的山区均有分布。国内各省份均产。

本种为世界广布种，植物体粗大，规则羽状分枝。

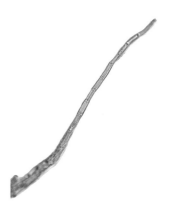

示由单列细胞组成的长毛尖

上：土生群落，拍摄于东坑镇黄山头村
下：拍摄于上山头

短肋羽藓

Thuidium kanedae Sakurai

植物体形大，粗壮，黄绿色至深绿色。茎匍匐，规则二回羽状分枝。茎叶基部三角状卵形或阔卵形，有时心形，向上成披针形，叶尖都由2~6个单列细胞组成；叶边平展或背卷；中肋达叶尖部。枝叶卵形，较小。叶中部细胞椭圆形至卵状菱形，具2~4个刺状疣或单个星状疣。

生于土表、岩面或岩面薄土上。

本种在景宁较为常见，各自然保护区、林业总场各分场及各乡镇（街道）的山区均有分布。国内大部分省份有分布。

本种外形与大羽藓极相似，不易区别。

茎叶

上：土生群落，拍摄于鹤溪街道滩岭村
中：拍摄于大均乡新亭村，示配子体
下：拍摄于鹤溪街道东弄村，示孢子体

灰羽藓

Thuidium pristocalyx (Müll. Hal.) A. Jaeger

植物体形大或中等，黄绿色至暗绿色。茎匍匐，规则二回羽状分枝。鳞毛稀少，有时缺失。茎叶卵形至卵状三角形，先端略钝；叶边具齿；中肋达叶中上部。枝叶卵形至阔卵形，较小。叶细胞圆多边形，厚壁，具星状疣。

喜生于林区土表、岩面或树基部。

本种在景宁较为常见，各自然保护区、林业总场各分场及各乡镇（街道）的山区均有分布。国内主要分布于长江以南各省份，辽宁和山东亦产。

本种与大羽藓相似，但本种植物体相对略小，茎叶叶尖略钝。

茎叶

上：土生群落，拍摄于上山头
中：树生群落，拍摄于望东垟自然保护区白云保护站
下：拍摄于九龙乡九龙山

异齿藓
Regmatodon declinatus (Hook.) Brid.

植物体形小至中等，黄绿色至暗绿色，有时带棕褐色。茎匍匐，不规则分枝。叶长卵形，先端多渐尖；叶边平展、全缘；中肋单一，达叶中上部。枝叶与茎叶同形，较小。叶细胞不规则菱形，厚壁。孢蒴圆柱形，直立至倾立。

喜生于林下岩面或树干上。

本种在景宁见于梧桐乡梧桐坑村、鹤溪街道滩岭村和严村等地。国内主要分布于西南、华南、华中和华东等地。

拍摄于鹤溪街道严村

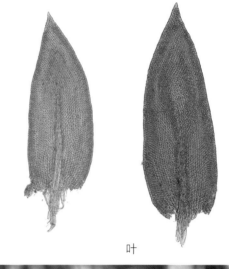

叶

三十一、青藓科 Brachytheciaceae

柔叶青藓
Brachythecium moriense Besch.

植物体中等大小，较为柔弱，黄绿色至绿色。茎匍匐，通常为不规则分枝。茎叶柔弱，卵形至三角状卵形，先端急尖，呈长毛尖状；叶边平展，上部具细齿；中肋达叶中部以上。枝叶卵状披针形至狭披针形，较小。叶细胞狭长菱形至线形，薄壁，角细胞分化达中肋。

喜生于林区岩面、岩面薄土上。

本种在景宁见于望东垟自然保护区、林业总场鹤溪分场和荒田湖分场、鹤溪街道等地。国内主要分布于华北、华东和西南等地区。

本种植物体和叶片均较为柔弱，叶具长尖，可初步判断。

枝叶　　　茎叶

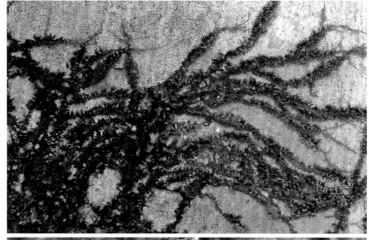

上：在林区护林房水泥墙上形成大片群落，拍摄于望东垟自然保护区白云保护站
下：拍摄于鹤溪街道东弄村

羽枝青藓

Brachythecium plumosum (Hedw.) Bruch & Schimp.

植物体中等大小，黄绿色至暗绿色，多具光泽。茎匍匐，羽状分枝。茎叶卵状披针形，具2条纵褶，先端渐尖；叶边平展，先端具细齿；中肋达叶中上部。枝叶与茎叶近同形，较小。叶细胞线形，角细胞分化明显。孢蒴长椭圆柱形，下垂。

喜生于林区岩面、土表或岩面薄土上。

本种在景宁见于上山头和鹤溪街道。国内绝大部分省份有分布。

本种植物体通常是规则的羽状分枝，叶具长尖，可初步判断。

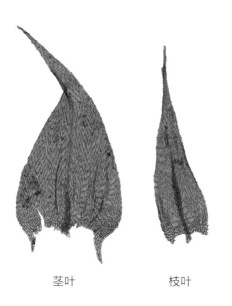

茎叶　　　　　枝叶

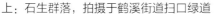

上：石生群落，拍摄于鹤溪街道扫口绿道
中：拍摄于鹤溪街道东弄村
下：拍摄于鹤溪街道扫口绿道

羽状青藓
Brachythecium propinnatum Redf., B. C. Tan & S. He

拍摄于上山头

　　植物体中等大小至较大，黄绿色至深绿色，具光泽。茎匍匐，羽状分枝。茎叶卵状三角形，具多条深纵褶，基部近心形，下延，先端渐尖，呈毛尖状；叶边平展，全缘或具细齿；中肋达叶中上部。枝叶卵状披针形。叶中上部细胞线形，角细胞方形或矩形。

　　喜生于林下土表、岩面或岩面薄土上。

　　本种在景宁仅见于上山头。国内主要分布于西北、西南、华中和华东等地，吉林亦有分布。

茎叶　　　　　　枝叶

卵叶青藓

Brachythecium rutabulum (Hedw.) Bruch & Schimp.

植物体形大或中等，绿色，具光泽。茎匍匐，近羽状分枝。茎叶阔卵形，具褶皱，先端急尖成狭尖；叶边平展，具细齿；中肋达叶中上部。枝叶较小，卵形至卵状披针形。叶细胞长菱形，角细胞明显分化。孢蒴卵形，通常下垂。

喜生于林区阴湿岩面或岩面薄土上。

本种在景宁较为多见，各自然保护区、林业总场各分场及各乡镇（街道）的山区均产。国内主要分布于西北、华东、华中和西南地区，辽宁和内蒙古亦有分布。

本种植物体较粗壮，分枝密集，枝条圆柱形，茎叶较宽大，先端聚成狭尖，可用放大镜初步判断。

拍摄于上山头，与灰藓属（*Hypnum*）植物混生，示孢子体

拍摄于东坑镇深垟村，示配子体

三十一、青藓科 Brachytheciaceae

钩叶青藓
Brachythecium uncinifolium Broth. & Paris

植物体中等大小，黄绿色至暗绿色，略具光泽。茎匍匐，不规则分枝。茎叶卵形，先端渐尖，常偏曲；叶边平展，基部两侧略背卷，全缘；中肋达叶中上部至叶尖略下部。枝叶卵形至椭圆形，先端渐尖。叶细胞长菱形至线形，角细胞方形或多边形。

喜生于林下岩面、土表或岩面薄土上。

本种在景宁见于望东垟自然保护区科普馆、林业总场大际分场、上山头、东坑镇、英川镇和沙湾镇等地。国内主要分布于东北、西北、华北、华东和西南等地。

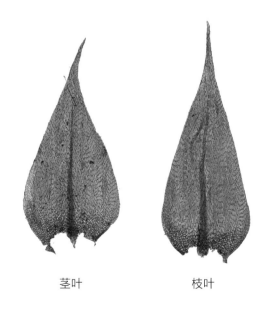

茎叶　　　　　　枝叶

上：石生群落，拍摄于上山头
中：拍摄于上山头，示配子体
下：拍摄于上山头，示孢子体

燕尾藓

Bryhnia novae-angliae (Sull. & Lesq.) Grout

植物体中等大小至较大，黄绿色至深绿色。茎匍匐，不规则分枝。茎叶通常阔卵形，具褶皱，基部收缩、下延，先端渐尖；叶边平展，具细齿；中肋达叶上部。枝叶卵形至卵状披针形。叶细胞长菱形至线形，薄壁，有时具前角突，角细胞分化、膨大、透明。

喜生于林区岩面、土表或岩面薄土上。

本种在景宁见于望东垟自然保护区、林业总场草鱼塘分场和大际分场猪栏坑、东坑镇罗山村水口风水林等地。国内大部分省份有分布。

本种外形与青藓属（*Brachythecium*）植物相似，易混淆。

树生群落，拍摄于林业总场草鱼塘分场夫人坑

拍摄于望东垟自然保护区

三十一、青藓科 Brachytheciaceae

疏网美喙藓

Eurhynchium laxirete Broth.

　　植物体形小、纤细，黄绿色至暗绿色，具光泽，交织生长。茎匍匐，羽状分枝，分枝扁平。茎叶长椭圆形，先端急尖；叶边平展，具齿；中肋达叶尖下部，先端具明显刺突。枝叶与茎叶同形，略小。叶细胞线形，角细胞明显分化，矩形。

　　喜生于阴湿岩面、土表或腐木上。

　　本种在景宁见于各自然保护区、林业总场各分场及各乡镇（街道）的山区。国内主要分布于华东、华中和西南等地区，陕西亦有分布。

　　本种喜生于阴湿环境，植物体纤细、扁平；叶先端急尖，叶边齿明显，可用放大镜初步判断。

叶

在阴湿岩面形成大片群落，拍摄于鹤溪街道双后岗村

拍摄于鹤溪街道双后岗村

鼠尾藓

Myuroclada maximowiczii (G. G. Borshch.) Steere & W. B. Schofield

植物体中等大小至较大，粗壮，绿色，具光泽。茎匍匐，不规则分枝，分枝呈柔荑花序状。叶近圆形或阔椭圆形，强烈内凹，先端圆钝；叶边通常全缘，有时上部具细齿；中肋单一，达叶中上部。叶细胞长菱形，角细胞矩形或多边形。

喜生于林区阴湿岩面、土表或岩面薄土上。

本种在景宁见于鹤溪街道滩岭村、东弄村、英川镇张坑村、毛垟乡上坑头村风水林。国内主要分布于东北、华北、华东、西南和华中等地区，陕西亦有分布。

本种叶紧密覆瓦状着生，使枝条呈明显的老鼠尾巴状，辨识度极高，有时还具有鞭状枝。

拍摄于鹤溪街道东弄村

石生群落，拍摄于鹤溪街道东弄村

三十一、青藓科 Brachytheciaceae

长枝褶藓

Okamuraea hakoniensis (Mitt.) Broth.

植物体中等大小，绿色，较粗壮。茎匍匐，不规则分枝，具鞭状枝。茎叶通常长卵形，先端长渐尖；叶边平展，全缘；中肋单一，达叶中部以上。枝叶与茎叶近同形，略窄小。叶细胞长椭圆形或长菱形，厚壁，角细胞近方形，分化明显。

喜生于林区树干、岩面或岩面薄土上。

本种在景宁见于望东垟自然保护区、林业总场草鱼塘分场和上山头等林区。国内主要分布于东北、华东、西南等地区。

本种枝条圆柱形，且有鞭状枝，可初步判断。

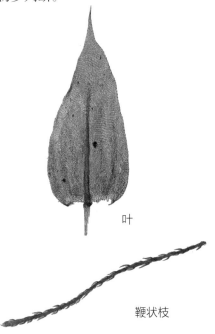

叶

鞭状枝

上：拍摄于上山头
下：树生群落，拍摄于上山头

深绿褶叶藓

Palamocladium euchloron (Müll. Hal.) Wijk & Margad.

植物体大形，粗壮，绿色至深绿色，有时带棕色。茎匍匐，近羽状分枝。茎叶三角状披针形，先端具细长尖；叶边平展，具齿；中肋达叶尖略下部。枝叶长卵状披针形。叶细胞狭长，平滑。

喜生于林下岩面。

本种在景宁见于望东垟自然保护区、林业总场大际分场猪栏坑和毛垟乡等地。国内主要分布于东北、西北、华东和西南等地。

在水泥墙上形成大片群落，拍摄于毛垟乡政府附近　　拍摄于望东垟自然保护区

三十一、青藓科 Brachytheciaceae

褶叶藓

Palamocladium leskeoides (Hook.) E. Britton.

叶

植物体中等大小至大形，略粗壮，黄绿色至深绿色，具光泽。茎匍匐，近羽状分枝。茎叶长卵状披针形，具纵褶，基部近心形，先端具细长尖；叶边平展，中上部具齿；中肋细长，达叶尖略下部。枝叶与茎叶同形，略小。叶中部细胞线形。

喜生于林下土表、岩面或岩面薄土上。

本种在景宁见于大均乡大均村、澄照乡梅坑风水林和三石村等地。国内大部分省份有分布。

石生群落，拍摄于大均乡大均村

拍摄于大均乡大均村

匍枝长喙藓

Rhynchostegium serpenticaule (Müll. Hal.) Broth.

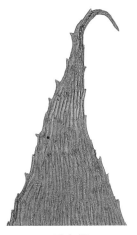

叶尖部

叶

植物体中等大小，黄绿色至深绿色，具光泽。茎匍匐，柔弱，近羽状分枝。茎叶卵状披针形至阔卵状披针形，先端渐尖，叶尖常扭曲；叶边平展，中上部具齿；中肋达叶上部。枝叶与茎叶近同形，略窄小。叶细胞线形，角细胞分化明显，横跨叶基。

喜生于林区阴湿岩面或土表。

本种在景宁见于望东垟自然保护区和林业总场大际分场等地。国内主要分布于华东、华中和西南等地，山西和陕西亦有分布。

本种植物体扁平，具光泽，叶具长尖，单中肋达叶上部，可用放大镜初步判断。

拍摄于望东垟自然保护区白云保护站

三十二、蔓藓科 Meteoriaceae

大灰气藓长尖亚种

Aerobryopsis subdivergens (Broth.) Broth. subsp. *scariosa* (E. B. Bartram) Nog.

植物体较大，通常粗壮，黄绿色，有时带棕色。茎匍匐，近羽状分枝，分枝稀疏，被叶茎枝多呈扁平状。茎叶阔卵形，上部渐尖成长尖；叶边平展，具细齿；中肋达叶片中上部。枝叶与茎叶近同形，较窄小。叶细胞一般长菱形，具单疣，基部细胞具明显穿孔。

喜生于林区树干或树枝上。

本种在景宁见于望东垟自然保护区、大仰湖自然保护区、鹤溪街道、红星街道和梧桐乡等地。国内主要分布于华东、华南和西南等地区。

本种植物体较为粗壮，被叶茎枝扁平，叶尖较长，可初步判断。

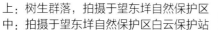

叶

上：树生群落，拍摄于望东垟自然保护区
中：拍摄于望东垟自然保护区白云保护站
下：拍摄于县检察院门口

垂藓

Chrysocladium retrorsum (Mitt.) M. Fleisch.

植物体形大，粗壮，通常黄绿色，有光泽，有时带棕褐色。茎匍匐横生，近羽状分枝，分枝稀疏，悬垂。茎叶通常卵状心形，先端具长尖；叶边平展，具细齿；中肋单一，达叶中上部。枝叶与茎叶近同形，较小。叶细胞狭长，具单疣。

喜生于林区树干或岩面上。

本种在景宁见于望东垟自然保护区、大仰湖自然保护区，林业总场大仰分场、草鱼塘分场，以及英川镇、沙湾镇、毛垟乡、大地乡、澄照乡等地。国内主要分布于华东、华南和西南等地区。

本种植物体粗壮，茎枝多悬垂，有光泽，叶具长尖，被叶枝条类似试管刷，可初步判断。

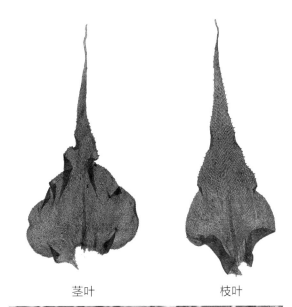

茎叶　　　　　枝叶

拍摄于大仰湖自然保护区善辽林区

三十二、蔓藓科 Meteoriaceae

粗枝蔓藓

Meteorium subpolytrichum (Besch.) Broth.

植物体中等大小，粗壮，硬挺，黄绿色至暗绿色，有时带棕褐色。茎匍匐，不规则分枝，枝条先端钝。叶覆瓦状排列，阔卵状椭圆形，内凹，先端收缩成长毛尖；叶边具齿；中肋单一，达叶中上部。枝叶与茎叶同形。叶细胞长菱形至长线形，具疣。

喜生于林区树干、树枝或岩面上。

本种在景宁见于大仰湖自然保护区善辽林区和英川镇香炉山等地。国内主要分布于西南和华东等地。

本种多生于树上，植物体较为粗壮，枝条先端钝，叶先端突成长尖，可用放大镜初步判断。

叶

拍摄于大仰湖自然保护区善辽林区

鞭枝新丝藓

Neodicladiella flagellifera (Cardot) Huttunen & D. Quandt.

植物体纤细，通常暗绿色，无光泽。茎匍匐，近羽状分枝，分枝稀疏、悬垂，被叶茎枝通常扁平状，具鞭状枝。茎叶卵状椭圆形，先端渐尖；叶边具细齿；中肋达叶中上部。枝叶与茎叶近同形，较窄小。叶细胞狭长，具单疣。

喜生于林区树枝或灌丛上。

本种在景宁见于各自然保护区、林业总场各分场及上山头等林区。国内主要分布于华东、华南和西南等地区。

本种较为细弱，通常悬挂于树枝上，呈胡子状，被叶茎枝多扁平，具鞭状枝，可初步判断。

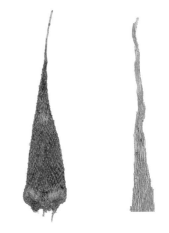

枝条先端的叶　　　　叶尖

树生群落，拍摄于望东垟自然保护区白云保护站

拍摄于望东垟自然保护区白云保护站

三十二、蔓藓科 Meteoriaceae

假悬藓

Pseudobarbella levieri (Renauld & Cardot) Nog.

树生群落，拍摄于上山头

拍摄于上山头

　　植物体中等大小至较大，黄绿色至黄褐色，具光泽。主茎匍匐，支茎较长，不规则羽状分枝。茎叶卵状披针形至阔卵状披针形；叶边上部具齿；中肋单一，达叶中上部。枝叶狭小。叶细胞狭长，具单疣。

　　喜生于林下树干、树枝或岩面。

　　本种在景宁见于望东垟自然保护区白云保护站和上山头。国内主要分布于西南、华南和华东地区。

拟木毛藓

Pseudospiridentopsis horrida (Cardot) M. Fleisch.

植物体大形、粗壮、黄绿色，有时带黑褐色，具明显光泽。茎匍匐，近羽状分枝，分枝稀疏。茎叶阔卵形，向上成披针形尖，明显背仰；叶边具不规则齿；中肋单一，达叶尖部。枝叶与茎叶同形。叶细胞长菱形，具单疣和壁孔。

喜生于林区阴湿土表、岩面薄土或树上。

本种在景宁见于望东垟自然保护区、大仰湖自然保护区、林业总场大际分场和荒田湖分场等地。国内主要分布于华东和西南等地区。

本种植物体粗大，下部多呈黑褐色，叶具长尖且明显背仰，易于辨识。

叶

上：在林下山坡上形成大片群落，拍摄于望东垟自然保护区白云保护站
下：拍摄于望东垟自然保护区白云保护站

三十二、蔓藓科 Meteoriaceae

小多疣藓

Sinskea flammea (Mitt.) W. R. Buck

植物体中等大小，通常棕绿色、黄褐色。主茎匍匐，不规则分枝，多悬垂。茎叶长卵状披针形，先端具长尖，有时背仰；叶边平展，上部具齿；中肋达叶中部，或略长。枝叶与茎叶同形。叶细胞线形，具2~3疣，角细胞分化。

喜生于林区树干或树枝上。

本种在景宁见于望东垟自然保护区、大仰湖自然保护区、林业总场荒田湖分场、上山头和鹤溪街道等地。国内主要分布于华东、西南和华南等地。

本种颜色暗沉，无光泽，通常悬挂于树上，小枝末端往往较圆钝，可初步判断。

树生群落，拍摄于望东垟自然保护区枫水垟保护站　拍摄于大仰湖自然保护区夕阳坑

散生细带蘚

Trachycladiella sparsa (Mitt.) Menzel

植物体中等大小至较大，黄绿色至深绿色。主茎匍匐，支茎较长，稀疏分枝。茎叶基部阔卵状心形，上部披针形，先端渐尖；叶边具细齿；中肋单一，达叶中部。枝叶与茎叶近同形，较小。叶细胞长菱形至线形，具密疣。

喜生于林区树干或树枝上。

本种在景宁见于望东垟自然保护区枫水垟保护站、林业总场荒田湖分场和大际分场、英川镇香炉山等地。国内主要分布于西南和华东地区。

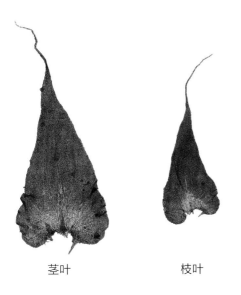

茎叶　　　　枝叶

上：树生群落，拍摄于望东垟自然保护区枫水垟保护站
下：拍摄于林业总场荒田湖分场大浪坑

三十二、蔓藓科 Meteoriaceae

扭叶藓

Trachypus bicolor Reinw. & Hornsch.

　　植物体中等大小至较大，绿色至绿色，常带黑色。主茎匍匐，支茎垂倾或匍匐，羽状分枝或近羽状分枝。叶长卵状披针形，先端具长尖，有时尖部透明；叶边全缘，有时具细齿；中肋达叶上部。枝叶与茎叶近同形，较小。叶细胞狭长，具多数成列的密集细疣。

　　喜生于林区树干或岩面。

　　本种在景宁见于望东垟自然保护区和上山头等地。国内主要分布于西南、华南、华中和华东等地区，甘肃亦有分布。

　　本种分枝较为密集，常带黑褐色，叶尖较长，呈毛状，可初步辨识。

叶

拍摄于望东垟自然保护区白云保护站

树生群落，拍摄于上山头

美灰藓

Eurohypnum leptothallum (Müll. Hal.) Ando

植物体中等大小至较大，通常粗壮，黄绿色或绿色，有时带红褐色，略具光泽。茎匍匐，近羽状分枝。茎叶阔卵状披针形，先端急尖；叶边平展，全缘，仅先端具细齿；中肋缺失，或2条不明显中肋。枝叶与茎叶同形，略小。叶细胞狭长菱形，角细胞分化明显，多数。

喜生于岩面、岩面薄土或树干基部。

本种在景宁见于林业总场荒田湖分场水亭、毛垟乡和东坑镇等地。国内大部分省份有分布。

本种叶干燥时贴茎，使茎枝呈圆条状，叶尖通常较短，枝叶的叶尖略长，可初步判断。

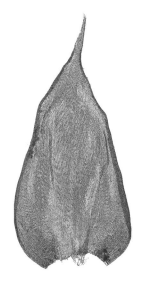

叶

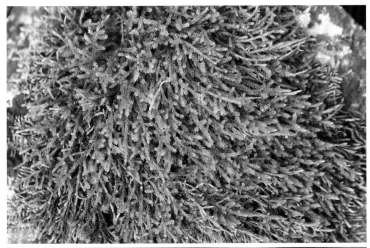

上：石生群落，拍摄于毛垟乡红军道
下：拍摄于东坑镇深垟村至黄山头村之间

菲律宾粗枝藓

Gollania philippinensis (Broth.) Nog.

叶

　　植物体中等大小，黄绿色，多带棕黄色。茎匍匐，不规则分枝或羽状分枝，被叶枝条圆柱形。茎叶阔卵状披针形，强烈内凹，叶尖短且背仰；叶边全缘，中部常背卷；中肋2条。枝叶较小。叶细胞线形，平滑，角细胞不明显分化。

　　喜生于林区岩面或岩面薄土上。

　　本种在景宁见于大均乡和鹤溪街道。国内主要分布于西南和华东地区。

　　本种颜色偏黄，有光泽，被叶茎枝圆柱形，可初步判断。

上：石生群落，拍摄于鹤溪街道滩岭村
下：拍摄于大均乡张寮村

皱叶粗枝藓

Gollania ruginosa (Mitt.) Broth.

植物体中等大小至较大，粗壮，黄绿色，具光泽。茎匍匐，羽状分枝或不规则分枝。茎叶卵状披针形，具纵褶，渐尖，尖部具横皱纹，略偏曲；叶边平展，上部具齿；中肋2。枝叶较小。叶细胞线形，厚壁，通常具前角突，角细胞略分化。

喜生于林区岩面、岩面薄土或树干上。

本种在景宁见于望东垟自然保护区，林业总场大际分场、荒田湖分场、草鱼塘分场，雁溪乡等地。国内大部分省份有分布。

本种通常较为粗壮，被叶茎枝多少扁平，叶尖部常有横波纹，本种是我国粗枝藓属（*Gollania*）中最常见的。

上：树生群落，拍摄于望东垟自然保护区白云保护站
下：拍摄于雁溪乡半溪村

三十三、灰藓科 Hypnaceae

钙生灰藓

Hypnum calcicola Ando.

植物体中等大小，浅绿色至绿色。茎匍匐，有时前端倾立，羽状或近羽状分枝，分枝稀疏。茎叶卵状披针形，渐尖，先端镰刀状弯曲；叶边平展，上部具细齿；中肋2条。枝叶长卵状披针形，较小，先端强烈弯曲。叶细胞狭长，角细胞分化明显。

喜生于林区石灰岩面。

本种在景宁见于林业总场鹤溪分场和荒田湖分场、上山头、毛垟乡、鹤溪街道等地。国内主要分布于西南或华东等地，陕西亦有分布。

本种中等大小，分枝较为稀疏，可初步判断。

叶

上：石生群落，拍摄于上山头
下：拍摄于鹤溪街道半垟村

拳叶灰藓

Hypnum circinale Hook.

植物体形小，黄绿色至黄褐色，具光泽。茎匍匐，羽状分枝。茎叶三角状披针形，先端渐尖，镰刀状弯曲；叶边具细齿，常一侧背卷；中肋2，短弱。枝叶较小。叶细胞狭长，平滑。

喜生于林区林下岩面。

本种在景宁见于大仰湖自然保护区大仰湖附近。国内主要分布于东北、华中、西南和华东等地。

本种植物体小，叶强烈弯曲，可初步判断。

石生群落，拍摄于大仰湖
自然保护区大仰湖附近

拍摄于大仰湖
自然保护区大
仰湖附近

三十三、灰藓科 Hypnaceae

弯叶灰藓

Hypnum hamulosum Schimp.

　　植物体中等大小，黄绿色至绿色，具光泽。茎匍匐，羽状分枝或近羽状分枝。茎叶卵状披针形至阔卵状披针形，先端长渐尖，镰刀状弯曲；叶边平展，先端具细齿；中肋2，短弱。枝叶狭小。叶细胞狭长，平滑。

　　喜生于林区岩面或岩面薄土上。

　　本种在景宁见于望东垟自然保护区白云保护站茭白塘。国内大部分省份有分布。

拍摄于望东垟自然保护区白云保护站

石生群落，拍摄于望东垟自然保护区白云保护站

大灰藓
Hypnum plumaeforme Wilson

植物体中等大小至较大，通常粗壮，黄绿色至绿色，有时带棕褐色，具光泽。茎匍匐，不规则分枝或羽状分枝，分枝密集。茎叶阔椭圆形，先端渐尖，多偏曲；叶边平展，先端具细齿；中肋2。枝叶与茎叶近同形，较小。叶细胞线形，角细胞分化，较大，透明。

喜生于岩面、土表、岩面薄土或树基部。

本种在景宁常见，各自然保护区、林业总场各分场及各乡镇（街道）的山区都有分布。国内各省份均产。

本种是我国灰藓属（*Hypnum*）种类中最常见的，株形、叶形等都有较大的变化幅度。

拍摄于毛垟乡红军道

叶

上：在屋顶瓦片上形成大片群落，拍摄于大均乡大均村
下：土生群落，拍摄于鹤溪街道扫口绿道

三十三、灰藓科 Hypnaceae

东亚拟鳞叶藓

Pseudotaxiphyllum pohliaecarpum (Sull. & Lesq.) Z. Iwats.

植物体中等大小，绿色或红褐色，具光泽。茎匍匐，不规则分枝，带叶茎枝扁平。茎叶阔卵圆形，先端渐尖；叶边平展，先端具细齿；中肋2。枝叶与茎叶同形，较窄小。叶细胞线形，角细胞不分化。

喜生于林区土表、土坡、岩面或岩面薄土上。

本种在景宁常见，各自然保护区、林业总场各分场以及各乡镇（街道）的山区都有分布。国内主要产于长江以南各省份，山东和辽宁亦有分布。

本种植物体匍匐生长，扁平，通常红褐色，易识别。

土生群落，拍摄于鹤溪街道滩岭村

叶

拍摄于毛垟乡红军道

明叶藓

Vesicularia montagnei (Schimp.) Broth.

拍摄于红星街道王金垟村，示孢子体

拍摄于大均乡李宝村，示配子体

植物体中等大小，黄绿色至暗绿色。茎匍匐，不规则分枝或近羽状分枝。茎叶卵圆形至阔卵圆形，叶尖较短；叶边平展，全缘；中肋2或缺失。枝叶与茎叶近同形，较小。叶细胞长六边形，角细胞不分化。蒴柄细长，孢蒴卵形，平列至下垂。

喜生于阴湿土表、岩面薄土或岩面。

本种在景宁见于林业总场大际分场和鹤溪分场、鹤溪街道、红星街道、大均乡、毛垟乡等地。国内主要分布于华东、华南、华中和西南等地区。

本种叶具小短尖，可用放大镜初步观察。

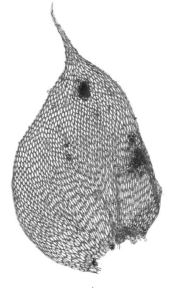

叶

长尖明叶藓

Vesicularia reticulata (Dozy & Molk.) Broth.

植物体中等大小，黄绿色至深绿色，有光泽。茎匍匐，密羽状分枝。茎叶阔卵圆形，先端具长尖；叶边平展，中上部具细齿；中肋2，短弱。枝叶与茎叶近同形，较小。叶细胞长菱形，平滑。孢蒴卵圆形，垂倾。

喜生于阴湿土表、岩面薄土或岩面。

本种在景宁见于鹤溪街道东弄村、红星街道和毛垟乡红军道等地。

在阴湿土坡上形成大片群落，拍摄于红星街道王金垟村

上：拍摄于红星街道王金垟村，示配子体
下：拍摄于鹤溪街道东弄村，示孢子体

东亚小锦藓
Brotherella fauriei (Cardot) Broth.

植物体形小，纤细，黄绿色至绿色，有时带棕色。茎匍匐，不规则分枝。茎叶卵状披针形，向上渐成长尖，通常偏曲；叶边平展，先端具细齿；中肋缺失。枝叶与茎叶近同形，较窄小。叶细胞线形，角细胞明显分化，成1列膨大的细胞。

喜生于林区树干、腐木或岩面上。

本种在景宁见于上山头、景南乡、英川镇和毛垟乡等地。国内主要分布于华东、华中、华南和西南等地区。

腐木生群落，拍摄于景南乡蚊子落

拍摄于英川镇张坑村

三十四、毛锦藓科 Pylaisiadelphaceae

南方小锦藓

Brotherella henonii (Duby) M. Fleisch.

植物体中等大小至较大，粗壮，黄绿色或黄棕色。茎匍匐，近羽状分枝。茎叶椭圆状披针形，先端渐尖；叶边平展，上部具细齿；中肋通常缺失。枝叶与茎叶同形，较窄小。叶细胞线形，角细胞分化明显，成1列膨大的细胞，有时棕褐色。

喜生于林区树干、腐木或岩面上。

本种在景宁较为常见，各自然保护区、林业总场各分场及各乡镇（街道）的山区均有分布。国内主要分布于华东、华中、华南和西南等地区。

本种较为粗壮，颜色鲜艳，被叶茎枝扁平状，可初步判断。

叶

上：在腐木上形成大片群落，拍摄于大仰湖自然保护区大仰湖附近
下：拍摄于上山头

粗枝拟疣胞藓

Clastobryopsis robusta (Broth.) M. Fleisch.

叶

植物体中等大小，较为粗壮，黄绿色至绿色，有时带棕色。茎匍匐，不规则分枝。茎叶卵状披针形，先端锐尖；叶边卷曲，叶尖部尤甚，全缘或先端具细齿；中肋2，短弱。枝叶卵形，较小。叶细胞狭长，平滑。芽条多数，棕色，生于叶腋。

喜生于林下树枝或树干上。

本种在景宁见于大仰湖自然保护区善辽林区和上山头。国内主要分布于华东、华南和西南地区。

本种枝条顶端常聚生多数丝状芽胞，特征明显。

上：树生群落，拍摄于
上山头
下：拍摄于上山头

三十四、毛锦藓科 Pylaisiadelphaceae

短叶毛锦藓

Pylaisiadelpha yokohamae (Broth.) W. R. Buck

拍摄于上山头

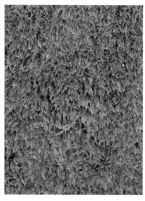

树生群落，拍摄于东坑镇
深垟村

在树基部形成大片群落，拍摄于上山头

植物体形小至中等，通常纤细，黄绿色至绿色，有时带棕褐色，具光泽。不规则分枝。茎叶披针形，先端具长尖，弯曲；叶边平展，先端具细齿；中肋缺失。枝叶与茎叶近同形，较窄小。叶细胞短蠕虫形；角细胞少数，膨大。孢蒴椭圆柱形，直立。

喜生于林区树上或岩面，偶见于土表。

本种在景宁见于望东垟自然保护区、大仰湖自然保护区、林业总场草鱼塘分场、上山头、东坑镇、石印山和大均乡等地。国内主要分布于东北、华东、西南和华南等地区。

本种植物体较为纤细，叶具长尖，常在树干基部形成大片群落。

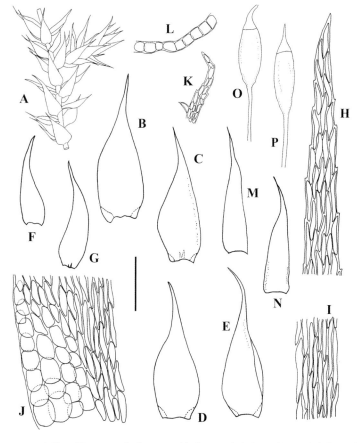

A. 小枝一段；B~E. 茎叶；F~G. 枝叶；H. 叶尖部细胞；I. 叶中部细胞；J. 叶基部细胞；K. 假鳞毛；L. 芽胞；M~N. 内雌苞叶；O~P. 孢蒴（任昭杰绘）
标尺：A. 1.39mm，B~G、M~N. 0.83mm，H~J. 104μm，K~L. 208μm，O~P. 2.08

弯叶刺枝藓

Wijkia deflexifolia (Renauld & Cardot) H. A. Crum

　　植物体中等大小，较为粗壮，黄绿色至棕绿色，明显具光泽。茎匍匐，近羽状分枝或不规则分枝，枝条末端尾尖状。茎叶通常椭圆状卵形，先端渐尖，弯曲；叶边平展，先端具齿；中肋多缺失。枝叶与茎叶近同形，较窄小。叶细胞线形；角细胞分化明显，大而薄壁。

　　喜生于林区树干、树枝或腐木上。

　　本种在景宁见于望东垟自然保护区、大仰湖自然保护区、林业总场草鱼塘分场和上山头等地。国内主要分布于华东、华南和西南等地区。

　　本种枝条末端尾尖状，有硬挺质感。

上：石生群落，拍摄于望东垟自然保护区白云保护站
中：树生群落，拍摄于大仰湖自然保护区善辽林区
下：拍摄于上山头

三十四、毛锦藓科 Pylaisiadelphaceae

角状刺枝藓

Wijkia hornschuchii (Dozy & Molk.) H. A. Crum

植物体中等大小，较为粗壮，黄绿色至棕绿色，明显具光泽。茎匍匐，羽状分枝，枝条末端尾尖状。茎叶通常倒椭圆状卵形，先端骤成短尖；叶边多平展，先端具齿；中肋多缺失。枝叶与茎叶近同形，较窄小。叶细胞线形；角细胞明显，大而薄壁。

喜生于林区树干、树枝、岩面或腐木上。

本种在景宁见于望东垟自然保护区、大仰湖自然保护区、林业总场草鱼塘分场和上山头等地。国内主要分布于华东、华中、华南和西南等地区。

本种外形与弯叶刺枝藓相似，但本种叶先端骤成短尖，而后者先端为弯曲的长尖，可用放大镜初步辨识。

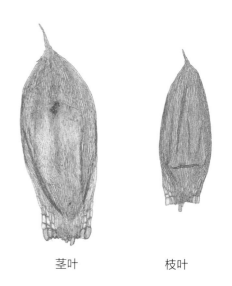

茎叶　　　　枝叶

拍摄于上山头　石生群落，拍摄于大仰湖自然保护区善辽林

橙色锦藓
Sematophyllum phoeniceum (Müll. Hal.) M. Fleisch.

上：石生群落，拍摄于大均乡李宝村
中：拍摄于上山头，示配子体
下：拍摄于大均乡李宝村，示孢子体

树生群落，拍摄于大地乡丁埠头坑

　　植物体形小至中等，黄绿色至棕绿色，具光泽，簇生。茎匍匐，不规则分枝。茎叶披针形至狭披针形，内凹，先端渐尖；叶边全缘，多平展；中肋2，短弱。枝叶与茎叶近同形，较小。叶细胞线形，平滑。蒴柄长可达2cm。孢蒴卵圆形。

　　喜生于林区树干或腐木上。

　　本种在景宁见于望东垟自然保护区白云保护站、大均乡、大地乡、沙湾镇和上山头等地。国内主要分布于华南、华东和西南等地。

叶

麻齿梳藓

Ctenidium malacobolum (Müll. Hal.) Broth.

植物体形大或中等，粗壮，黄绿色至深绿色，有时带棕色，具光泽。茎匍匐，羽状分枝或近羽状分枝。茎叶阔卵状披针形，先端长渐尖，弯曲，基部心形，下延；叶边平展，有齿；中肋2。枝叶狭卵状披针形，较小。叶狭长，平滑。孢蒴平列。

喜生于林下阴湿岩面、土表或树基部。

本种在景宁分布较广，各自然保护区、林业总场各分场及部分乡镇（街道）的山区均见。国内主要分布于浙江、台湾等地。

本种植物体粗壮，具光泽，叶具长尖且弯曲，可初步判断。

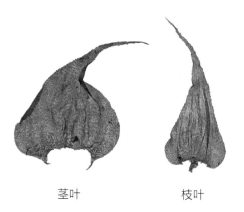

茎叶　　　　　枝叶

上：土生群落，拍摄于大仰湖自然保护区大仰湖附近
中：拍摄于英川镇外处岙村，示配子体
下：拍摄于英川镇岗头村，示孢子体

羽枝梳藓

Ctenidium pinnatum (Broth. & Paris) Broth.

植物体形小，黄绿色至绿色，略具光泽。茎匍匐，羽状分枝或近羽状分枝。茎叶阔卵状披针形，先端渐尖，偏曲，基部下延；叶边通常平展，具齿；中肋2，短弱。枝叶与茎叶近同形，较小。叶细胞线形，具前角突，角细胞明显分化。

喜生于林区树干和腐木上。

本种在景宁见于望东垟自然保护区、大仰湖自然保护区、林业总场大际分场、荒田湖分场、草鱼塘分场，上山头，鹤溪街道等地。国内主要分布于华东和西南等地区。

本种植物体纤细，羽状分枝，叶具长尖，易与青藓属（*Brachythecium*）的一些物种混淆，但本种中肋2条且短弱，青藓属植物1条长中肋，可用放大镜初步辨别。

在树干上形成大片群落，拍摄于上山头

拍摄于上山头

拍摄于望东垟自然保护区白云保护站

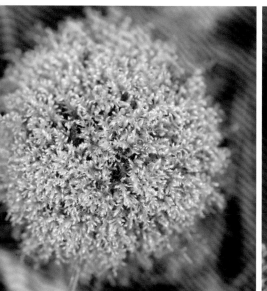

凹叶拟小锦藓

Hageniella micans (Mitt.) B. C. Tan & Y. Jia

　　植物体形较小，匍匐生长，黄绿色至黄棕色，具光泽。茎不规则分枝。茎叶宽卵形，强烈内凹，先端急尖；叶边通常平展，上部具齿；中肋2，可达叶中部。枝叶与茎叶近同形。叶细胞线形；角细胞由1列较大的长椭圆形细胞和少数较小的无色细胞组成。

　　密林下石生。

　　本种在景宁见于上山头。国内分布于华东、西南和华南等地区。

　　拟小锦藓属（*Hageniella*）为浙江省新记录属。

叶

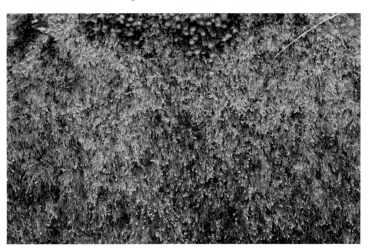

石生群落，拍摄于上山头

拍摄于上山头

南木藓

Macrothamnium macrocarpum (Reinw. & Hornsch.) M. Fleisch.

植物体中等大小，较为粗壮，黄绿色至褐绿色，略具光泽。茎匍匐，羽状分枝，常具鞭状枝。茎叶近圆形，先端钝急尖；叶边中上部具齿；中肋2。枝叶阔椭圆形，较小。叶细胞线形；角细胞分化，排列较为疏松。

喜生于林区阴湿岩面、树干或腐木上。

本种在景宁见于望东垟自然保护区和大仰湖自然保护区等地。国内主要见于华东、华南和西南等地区。

本种分枝有时呈树状；茎叶大，近圆形，先端钝急尖，可用放大镜初步判断。

茎叶

石生群落，拍摄于林业总场大际分场猪栏坑

拍摄于大仰湖自然保护区善辽林区

小蔓藓

Meteoriella soluta (Mitt.) S. Okamura

　　植物体形大，硬挺粗壮，黄绿色至棕绿色，具光泽。主茎匍匐，支茎长且下垂，羽状分枝。茎叶宽卵形，强烈内凹，先端骤尖，基部耳状；叶边平展，通常全缘；中肋2。枝叶与茎叶近同形，较小。叶细胞线形，具明显壁孔，角细胞不分化。

　　喜生于林区树干或岩面。

　　本种在景宁见于上山头。国内主要分布于华东和西南等地区。

　　本种植物体大形，悬垂生长，叶强烈内凹，先端骤尖，可用放大镜初步判断。

石生群落，拍摄于
上山头

拍摄于上山头

柱蒴绢藓

Entodon challengeri (Paris) Cardot

植物体中等大小，黄绿色至深绿色，具光泽。茎匍匐，近羽状分枝，带叶茎枝扁平。茎叶长椭圆形，强烈内凹，先端钝；叶边全缘；中肋2。枝叶与茎叶同形，略窄小。叶细胞线形，角细胞多数。蒴柄红褐色。孢蒴椭圆柱形，直立。

喜生于林区树干、岩面或岩面薄土上。

本种在景宁见于望东垟自然保护区、林业总场大际分场、大均乡、大地乡、鹤溪街道、红星街道和东坑镇等地。国内大部分省份有分布。

本种带叶茎枝扁平，叶先端圆钝；孢蒴椭圆柱形，直立，可初步判断。

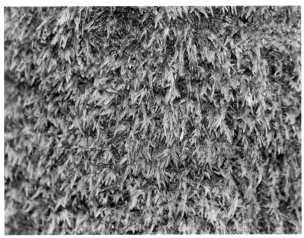

石生群落，拍摄于望东垟自然保护区白云保护站

拍摄于大均乡新亭村，示配子体

拍摄于大地乡水溪村，示分枝稀疏的配子体

拍摄于望东垟自然保护区白云保护站，示孢子体

三十七、绢藓科 Entodontaceae

绢藓

Entodon cladorrhizans (Hedw.) Müll. Hal.

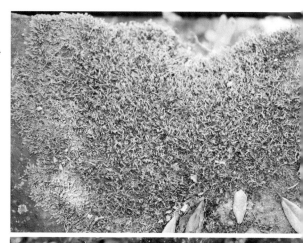

植物体中等大小，黄绿色至深绿色，具光泽。茎匍匐，羽状分枝或近羽状分枝，带叶茎枝扁平。茎叶长椭圆形，先端锐尖；叶边平展，先端具细齿；中肋2。枝叶与茎叶同形，略窄小。叶细胞线形，角细胞多数。蒴柄红褐色。孢蒴长椭圆柱形，直立。

喜生于林区树干、岩面或岩面薄土上。

本种在景宁见于毛垟乡、英川镇、大均乡等地。国内大部分省份有分布。

本种与柱蒴绢藓相似，但叶先端锐尖，可用放大镜观察，初步辨别。

茎叶　　　　　　　　枝叶

上：较干燥状态下的石生群落，拍摄于毛垟乡红军道
中：拍摄于林业总场大际分场老婆丘，示配子体
下：拍摄于英川镇岗头村，示孢子体

广叶绢藓

Entodon flavescens (Hook.) A. Jaeger

植物体中等大小至较大，黄绿色至深绿色，具光泽。茎匍匐，羽状分枝。茎叶卵形、三角状卵形，先端渐尖；叶边平展，先端具细齿；中肋2。枝叶长椭圆状披针形，先端具齿。叶细胞线形，角细胞多数。蒴柄红褐色。孢蒴长椭圆柱形，直立。

喜生于林区树干、岩面或岩面薄土上。

本种在景宁见于林业总场草鱼塘分场和荒田湖分场、毛垟乡、九龙乡、英川镇等地。国内主要分布于东北、华东、华南和西南等地区。

本种带叶枝条略呈圆条状，可区别于柱蒴绢藓和绢藓。

枝叶

茎叶

上：石生群落，拍摄于毛垟乡红军道
下：拍摄于英川镇岗头村

三十七、绢藓科 Entodontaceae

螺叶藓

Sakuraia conchophylla (Cardot) Nog.

植物体中等大小至大形，黄绿色至暗绿色，有时带红褐色，具光泽。茎匍匐，不规则分枝，带叶茎枝圆条状。茎叶卵形至长椭圆形，内凹，先端具狭长尖；叶边全缘；中肋2。枝叶与茎叶近同形。叶细胞线形，角细胞多数。蒴柄红褐色。孢蒴通常卵形。

喜生于林区树干上。

本种在景宁见于望东垟自然保护区、大仰湖自然保护区、林业总场草鱼塘分场和上山头等地。国内主要分布于华东、华中、华南和西南等地区。

本种带叶枝条圆条形，叶先端具长尖；孢蒴卵形，直立，可初步判断。

干燥状态下的树生群落，拍摄于望东垟自然保护区白云保护站

拍摄于望东垟自然保护区白云保护站

毛枝藓
Pilotrichopsis dentata (Mitt.) Besch.

拍摄于上山头

植物体形大至中等，较为粗壮，黄绿色至暗绿色，有时带褐色、棕色。主茎匍匐，支茎较长，垂倾，羽状分枝。茎叶卵圆状披针形，先端渐尖；叶边上部具齿，下部通常背卷；中肋单一，达叶尖部。枝叶与茎叶同形，较小。叶细胞椭圆形，平滑。

喜生于林下树干或树枝上。

本种在景宁见于上山头和英川镇香炉山等地。国内主要分布于西南、华南、华中和华东等地。

树生群落，拍摄于上山头

三十九、白齿藓科 Leucodontaceae

中华白齿藓
Leucodon sinensis Thér.

植物体中等大小，粗壮，黄绿色至深绿色，有时带褐色。主茎匍匐，支茎较密集，鞭状枝少。茎叶卵状披针形，具褶皱，先端渐尖；叶边平展，上部具细齿；无中肋。枝叶与茎叶同形，较小。叶细胞狭长，平滑，角部细胞占叶长的1/3。

喜生于林下树干上。

本种在景宁见于望东垟自然保护区科普馆、林业总场荒田湖分场、石印山和毛垟乡炉西村等地。国内主要分布于西南、华中和华东地区，陕西、甘肃亦有分布。

叶

拍摄于望东垟自然保护区科普馆

拟白齿藓

Pterogoniadelphus esquirolii (Thér.) Ochyra & Zijlstra

植物体中等大小，粗壮，黄绿色至深绿色，有时带褐色。主茎匍匐，支茎多数，有鞭状枝。茎叶阔卵圆形，无褶皱，先端具短尖；叶边平展，上部具细齿；无中肋。枝叶与茎叶同形，较小。叶细胞短菱形；叶基中部细胞狭长，形成明显的区域。

喜生于林下树干上。

本种在景宁见于沙湾镇叶桥村村尾风水林和大均乡大均村。国内主要分布于西南、华南和华东等地区，陕西亦有分布。

本种外形与白齿藓属（*Leucodon*）植物类似，但本种叶平展，无纵褶，显微镜下易观察。

叶

拍摄于大均乡大均村

小树平藓

Homaliodendron exiguum (Bosch & Sande Lac.) M. Fleisch.

植物体中等大小至较小，黄绿色至灰绿色，有时带棕褐色，具光泽。茎匍匐，少分枝。茎叶舌形至卵状舌形，先端钝尖；叶边平展，基部一侧内折，先端具细齿；中肋单一，达叶中上部。枝叶与茎叶近同形，较小。叶细胞多边形，平滑。

喜生于林下树干及阴湿岩面。

本种在景宁见于大地乡丁埠头坑、鹤溪街道严村和滩岭村。国内主要分布于华东、华南和西南等地。

上：悬挂于树上的群落，拍摄于鹤溪街道滩岭村
下：拍摄于大地乡丁埠头坑

刀叶树平藓

Homaliodendron scalpellifolium (Mitt.) M. Fleisch.

植物体形大，粗壮，黄绿色至深绿色，有时带棕褐色，具光泽。主茎匍匐，支茎倾立，羽状分枝，带叶枝条扁平状。茎叶卵状椭圆形，先端钝尖；叶边平展，先端具不规则粗齿；中肋单一，达叶中部。枝叶与茎叶近同形，较小。叶细胞长菱形，厚壁。

喜生于林区树干或潮湿岩面。

本种在景宁较为常见，各自然保护区、林业总场各分场、上山头等有分布。国内主要分布于华东、华中和西南等地区。

本种是树平藓属（*Homaliodendron*）在国内最常见的一种，植物体较大，带叶枝条扁平；叶不对称，卵状椭圆形，先端具不规则粗齿，可用放大镜初步判断。

叶

在树干上形成大片群落，拍摄于望东垟自然保护区白云保护站

树生群落，拍摄于上山头

拍摄于上山头

四十、平藓科 Neckeraceae

曲枝平藓
Neckera flexiramea Cardot

植物体中等大小，绿色或灰绿色。主茎匍匐，支茎下垂，稀疏分枝。茎叶卵形至长卵形，先端渐尖，尖部常具横波纹；叶边平展，上部具细齿；中肋2，短弱，有时单一。枝叶与茎叶近同形，较小。叶细胞狭长，尖部细胞略宽短。

喜生于林区树干、树枝或潮湿岩面。

本种在景宁见于上山头、鹤溪街道和沙湾镇等地。国内主要分布于华东、华南和西南等地区。

本种带叶枝条扁平，叶先端渐尖且具横波纹，中肋短弱，可用放大镜初步判断。

叶

上：树生群落，拍摄于上山头
下：拍摄于上山头

南亚木藓

Thamnobryum subserratum (Hook.) Nog. & Z. Iwats.

植物体形大或中等，绿色至暗绿色，有时带棕褐色。主茎匍匐，支茎直立，树形分枝或不规则分枝。茎叶阔卵形，内凹，先端钝尖；叶边平展，上部具粗齿；中肋单一，达叶尖下部，通常平滑无齿。枝叶狭卵形至卵形，较小。叶细胞多边形，通常厚壁。

喜生于林区树干或阴湿岩面。

本种在景宁见于林业总场荒田湖分场和大际分场、红星街道、东坑镇、英川镇、九龙乡等地。国内主要分布于华东、华中和西南等地区。

本种植物体较粗壮，多呈树形；茎叶宽大，先端钝尖且具粗齿，可用放大镜初步判断。

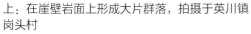

叶

上：在崖壁岩面上形成大片群落，拍摄于英川镇岗头村
下：拍摄于英川镇岗头村

四十一、船叶藓科 Lembophyllaceae

尖叶拟船叶藓

Dolichomitriopsis diversiformis (Mitt.) Nog.

拍摄于上山头

植物体中等大小，黄绿色至深绿色，有时灰绿色。主茎匍匐，支茎倾立或直立，不规则分枝。茎叶卵形，先端短急尖；叶边平展，上部具细齿；中肋单一，达叶中上部。枝叶与茎叶近同形，较小。叶细胞长，角细胞分化。孢蒴圆柱形。

喜生于林区阴湿岩面或树干上。

本种在景宁见于望东垟自然保护区、林业总场大际分场和上山头等地。国内主要分布于华东和西南等地区。

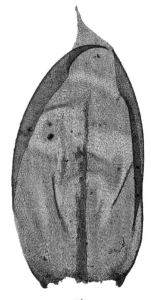

叶

异猫尾藓

Isothecium subdiversiforme Broth.

　　植物体中等大小，黄绿色至深绿色，有时带棕色。主茎匍匐，支茎倾立至直立，树形分枝或近羽状分枝。茎叶长卵形，先端渐尖；叶边平展，上部具细齿；中肋单一，达叶中上部，上部常有分叉现象。枝叶与茎叶近同形，较小。叶细胞狭长，角细胞分化。

　　喜生于林区阴湿岩面或树干上。

　　本种在景宁见于大仰湖自然保护区、林业总场草鱼塘分场和上山头等地。国内主要分布于华东和华中地区。

　　本种外形、生境均与尖叶拟船叶藓类似，本种叶先端渐尖、叶尖较长，后者叶先端急尖、叶尖较短，可用放大镜初步辨识。

树根生群落，拍摄于大仰湖自然保护区大仰湖附近

拍摄于大仰湖自然保护区

四十二、牛舌藓科 Anomodontaceae

小牛舌藓

Anomodon minor (Hedw.) Lindb.

　　植物体形小至中等，黄绿色至暗绿色，常带褐色。主茎匍匐，羽状或近羽状分枝。叶基部卵形，向上成舌形，先端圆钝；叶边平展或具纵褶；中肋达叶尖之下，先端常分叉。叶细胞圆方形至六边形，厚壁，具多疣。

　　喜生于林区岩面、岩面薄土上。

　　本种在景宁见于渤海镇、东坑镇、鹤溪街道和毛垟乡等地。国内主要分布于西北、华北、华东、华中和西南等地区。

　　本种形小，叶舌形，先端圆钝，可用放大镜初步观察。

石生群落，拍摄于毛垟乡政府周边

叶

拍摄于鹤溪街道东弄村

皱叶牛舌藓

Anomodon rugelii (Müll. Hal.) Keissl.

植物体中等大小，黄绿色至深绿色，有时带褐色。茎匍匐，近羽状分枝。茎叶基部卵形至椭圆状卵形，基部下延成耳状，向上成长舌形，先端圆钝；叶边平展，全缘；中肋单一，达叶尖部。枝叶与茎叶同形，较小。叶细胞圆多边形，具密疣。

喜生于林下树干或岩面。

本种在景宁见于鹤溪街道严村和东弄村。国内主要分布于华中和华东等地。

拍摄于鹤溪街道东弄村

拍摄于鹤溪街道严村

暗绿多枝藓

Haplohymenium triste (Cés.) Kindb.

植物体形小至中等，纤细，黄绿色至暗绿色，常带褐色，疏松交织生长。茎匍匐，近羽状分枝。叶基部卵形至阔卵形，向上多成披针形；叶边平展，具密疣状突起；中肋达叶中上部。枝叶与茎叶同形，略小。叶细胞圆方形，具密疣。孢蒴卵形，直立。

喜生于林区树干或岩面。

本种在景宁较为常见，各自然保护区、林业总场各分场及各乡镇（街道）的山区均有分布。国内主要分布于华东、华中和西南地区，内蒙古和新疆亦有分布。

本种植物体较为纤细，多在树干上交织成片，干燥时叶贴茎，植物体像生锈的细铁丝。

叶

树生群落，拍摄于上山头

上：腐木生群落，拍摄于大仰湖自然保护区善辽林区
中：干燥状态下的石生群落，拍摄于望东垟自然保护区枫水垟保护站
下：拍摄于东坑镇深垟村

羊角藓
Herpetineuron toccoae (Sull. & Lesq.) Cardot

植物体中等大小至大形，通常粗壮、硬挺、黄绿色至暗绿色。主茎匍匐，支茎多倾立，不规则分枝，具鞭状枝。茎叶卵状披针形，先端渐尖；叶边平展，先端具不规则粗齿；中肋达叶尖下部消失，上部扭曲。枝叶与茎叶同形，略小。叶细胞六边形，厚壁，平滑。

喜生于岩面或岩面薄土上。

本种在景宁见于林业总场荒田湖分场、上山头、雁溪乡、大均乡、大地乡、沙湾镇、鹤溪街道、红星街道和澄照乡等地。国内绝大部分省份有分布。

干燥时，本种枝条先端多向腹面弯曲，呈羊角状，且常具鞭状枝，易于辨识。

叶

石生群落，拍摄于雁溪乡柘垟村

较为干燥状态的石生群落，枝条开始扭转为羊角状，先端有鞭状枝，拍摄于大均乡大均村

冬春季节，植物体呈红褐色，拍摄于大均乡新亭村

拍摄于大地乡水溪村

参考文献

白学良．贺兰山苔藓植物彩图志．银川：阳光出版社、宁夏人民出版社，2014：1–458．

白学良．内蒙古苔藓植物．呼和浩特：内蒙古大学出版社，1997：1–541．

陈邦杰．中国藓类植物属志：上册．北京：科学出版社，1963：1–304．

陈邦杰．中国藓类植物属志：下册．北京：科学出版社，1978：1–331．

高谦，曹同．云南植物志：第 17 卷．北京：科学出版社，2000：1–641．

高谦，赖明洲．中国苔藓植物图鉴．台北：南天书局，2003：1–1313．

高谦，吴玉环．中国苔纲和角苔纲植物属志．北京：科学出版社，2010：1–636．

高谦，吴玉环．中国苔藓志：第 10 卷．北京：科学出版社，2008：1–464．

高谦，张光初．东北苔类植物志．北京：科学出版社，1981：1–220．

高谦．东北苔藓植物志．北京：科学出版社，1997：1–404．

高谦．中国苔藓志：第 1 卷．北京：科学出版社，1994：1–368．

高谦．中国苔藓志：第 2 卷．北京：科学出版社，1996：1–293．

高谦．中国苔藓志：第 9 卷．北京：科学出版社，2003：1–323．

胡人亮，王幼芳．中国苔藓志：第 7 卷．北京：科学出版社，2005：1–228．

贾渝，何强，吴鹏程，等．秦岭地区苔类和角苔类植物志．北京：科学出版社，2021：1–308．

景宁畲族自治县地方志编纂委员会．景宁畲族自治县志（1993—2010）．北京：方志出版社，
    2018：1–99．

黎兴江．西藏苔藓植物志．北京：科学出版社，1985：1–581．

黎兴江．云南植物志：第 18 卷．北京：科学出版社，2002：1–523．

黎兴江．云南植物志：第 19 卷．北京：科学出版社，2005：1–681．

黎兴江．中国苔藓志：第 3 卷．北京：科学出版社，2000：1–157．

黎兴江．中国苔藓志：第 4 卷．北京：科学出版社，2006：1–263．

李明，任昭杰，杨晓燕．昆嵛山苔藓志．济南：山东友谊出版社，2017：1–390．

廖瑜俊，金民忠，侯建花，等．浙江苔藓植物一新记录属——梨蒴藓属．亚热带植物科学，
    2021，50(1)：75–77．

马文章．云南金平分水岭苔藓植物野外识别手册．昆明：云南美术出版社，2020：1–299．

任昭杰，杜超，黄正莉，等．山东省绢藓属植物研究．山东科学，2010，23 (4)：22–26．

任昭杰，李德利，燕丽梅，等．蓑藓属（Brid.）苔藓植物在山东的生存现状．烟台大学学报（自
    然科学与工程版），2016，29(4)：305–307．

任昭杰，李林，钟蓓，等．山东昆嵛山苔藓植物多样性及区系特征．植物科学学报，2014，
    32(4)：340–354．

任昭杰，李明，杨晓燕，等．山东水灰藓属 Lindb. 苔藓植物研究．烟台大学学报（自然科学与
    工程版），2018，31(4)：299–303，335．

任昭杰，田雅娴，赵遵田．山东苔藓植物新记录．广西植物，2019，39(10)：1420–1424．

任昭杰，赵遵田．山东植物志．青岛：青岛出版社，2016：1–450．

王幼芳，胡人亮．中国青藓科研究资料（Ⅰ）．植物分类学报，1998，36 (3)：255–267．

王幼芳，胡人亮．中国青藓科研究资料（Ⅱ）．植物分类学报，2000，38 (5)：472–485．

王幼芳，胡人亮．中国青藓科研究资料（Ⅲ）．植物分类学报，2003，41 (3)：271–281．

王宗琪，许元科，林坚，等．浙江景宁畲族自治县石松类和蕨类植物区系研究．亚热带植物科学，2019，48(3)：254–260．

吴德邻，张力．广东苔藓志．广州：广东科学技术出版社，2013：1–552．

吴鹏程，贾渝，王庆华，等．中国苔藓图鉴．北京：中国林业出版社，2018：1–874．

吴鹏程，贾渝，张力．中国高等植物：第一卷．青岛：青岛出版社，2012：1–1013．

吴鹏程，贾渝．中国苔藓志：第 5 卷．北京：科学出版社，2011：1–493．

吴鹏程，贾渝．中国苔藓志：第 8 卷．北京：科学出版社，2004：1–482．

吴鹏程．横断山区苔藓志．北京：科学出版社，2000：1–742．

吴鹏程．中国苔藓志：第 6 卷．北京：科学出版社，2002：1–357．

熊源新，曹威．贵州苔藓植物志：第三卷．贵阳：贵州科学技术出版社，2018：1–720．

熊源新．贵州苔藓植物志：第二卷．贵阳：贵州科学技术出版社，2014：1–686．

熊源新．贵州苔藓植物志：第一卷．贵阳：贵州科学技术出版社，2014：1–509．

许元科，赵昌高，林坚，等．景宁畲族自治县苔藓植物物种多样性及区系特征．亚热带植物科学，2021，50(2)：402–409．

张力．澳门苔藓植物志．澳门：澳门特别行政区民政总署园林绿化部，2010：1–361．

赵建成，刘永英．中国广义真藓科植物分类学研究．石家庄：河北科学技术出版社，2021：1–438．

赵遵田，任昭杰，黄正莉，等．中国藓类植物一新记录种——木何兰小石藓．热带亚热带植物学报，2012，20(6)：615–617．

赵遵田，任昭杰．蒙山苔藓志．北京：科学出版社，2020：1–376．

周兰平，张力，邢福武．中国鞭苔属植物的分类研究．仙湖，2012，11(2)：1–62．

Arikawa T A. Taxonomic study of the genus (Hypnaceae, Musci). J Hattori Bot Lab, 2004, 95: 71–154.

Bai X L. flora of Yunnan, China. Chenia, 2002, 7: 1–27.

Buck W R. A generic revision of the Entodontaceae. J Hattori Bot Lab, 1980, 48: 71–159.

Cao T, Gao C. Wu Y H. A synopsis of Chinese (Bryopsida, Grimmiaceae). J Hattori Bot Lab, 1998, 84: 11–19.

Chao R F, Lin S H, Chan J R. A taxonomic study of Frullaniaceae from Taiwan (II). Frullania in Abies forest. Yunshania, 1992, 9: 13–21.

Chao R F, Lin S H. A taxonomic study of Frullaniaceae from Taiwan (I). Yunshania, 1991, 8: 7–19.

Chao R F, Lin S H. A taxonomic study of Frullaniaceae from Taiwan (III). Yunshania, 1992, 9: 195–217.

Fang Y M, Koponen T. A revision of , and (Music, Thuidiaceae) in China. Bryobrothera, 2001, 6: 1–81.

Fery W, Stech M. Syllabus of Plant Families. Part3: Bryophytes ang seedless vascular plants. Berlin: Gebr. Brontraeger Verlagsbuchhandlung, 2009.

Frahm J P. A revision of the East–Asian species of . J Hattori Bot Lab, 1992, 77: 133–164.

Frahm J P. A taxonomic revision of (Musci). Ann Bot Fenn, 1997, 34: 179–204.

Gao C, Crosby M R. Moss Flora of China: Vol 1. Beijing: Science Press; St. Louis: Missouri Botanical Garden, 1999: 1–273.

Gao C, Crosby M R. Moss Flora of China: Vol 3. Beijing: Science Press; St. Louis: Missouri Botanical Garden, 2002: 1–141.

Hattori S, Lin P J. A Prelimianry study of Chinese flora. J Hattori Bot Lab, 1985, 59: 123–169.

Higuchi M. A Taxonomic revision of the Genus Broth. (Music). J Hattori Bot Lab, 1985, 59: 1–77.

Hu R L, Wang Y F, Crosby M R. Moss Flora of China: Vol 7. Beijing: Science Press; St. Louis: Missouri Botanical Garden, 2008: 1–258.

Hu R L, Wang Y F. A review of the moss flora of East China. Memoirs New York Bot Gard, 1987, 45: 455–465.

Hu R L, Wang Y F. Two new species of in China. Bryologist, 1980, 11: 249–251.

Hu R L. A revision of the Chinese species of (Musci, Entodontaceae). Bryologist, 1983, 86: 193–233.

Ignatov M S. Bryophyte Flora of Altai Mountain. Brachytheciaceae. Arctoa, 1998, 7: 85–152.

Iwastsuki Z. A Preliminary Study of in China. J Hattori Bot Lab, 1980, 48: 171–186.

Iwatsuki Z. A revision of and its related genera from Japan and her adjacent areas. I. J Hattori Bot Lab, 1970, 33: 331–380.

Ji M C, Enroth J. Contribution to (Neckeraceae, Music) in China. Acta Bryollichen Asiat, 2010, 3: 61–68.

Jia Y, Xu J M. A new species and a new record of (Musci, Sematophyllaceae) from China, with a key to the Chinese species of , Bryologist, 2006, 109 (4): 579–585.

Koponen T. Generic revision of Mniaceae Mitt. (Bryophyta). Ann Bot Fenici, 1968, 5: 117–151.

Koponen T. Notes on (Musci, Bartramiaceae). 3. A synopsis of the genus in China. J Hattori Bot Lab, 1998, 84: 21–27.

Koponen T. Notes on Chinese (Brachytheciaceae). Memoirs New York Bot Gard, 1987, 45: 509–514.

Koponen T. The phylogeny and classification of Mniaceae and Rhizogoniaceae (Musci). J Hattori Bot Lab, 1988 , 64: 37–46.

Li X J, Crosby M R. Moss Flora of China: Vol 2. Beijing: Science Press; St. Louis: Missouri Botanical Garden, 2001: 1–283.

Li X J, Crosby M R. Moss Flora of China: Vol 4. Beijing: Science Press; St. Louis: Missouri Botanical Garden, 2007: 1–211.

Matsui T, Iwatsuki Z. A taxonomic revision of family Ditrichaceae (Musci) of Japan, Korea and Taiwan. J Hattori Bot Lab, 1990, 68: 317–366.

Noguchi A. A taxonomic revision of the family Meteoriaceae of Asia. J Hattori Bot Lab, 1976, 41: 231–

357.

Noguchi A. Illustrated Moss flora of Japan Par 1. Nichinan: Hattori Botanical Laboratory, 1987: 1–242.

Noguchi A. Illustrated Moss flora of Japan Par 2. Nichinan: Hattori Botanical Laboratory, 1988: 243–491.

Noguchi A. Illustrated Moss flora of Japan Par 3. Nichinan: Hattori Botanical Laboratory, 1989: 493–742.

Noguchi A. Illustrated Moss flora of Japan Par 4. Nichinan: Hattori Botanical Laboratory, 1991: 743–1012.

Noguchi A. Illustrated Moss flora of Japan Par 5. Nichinan: Hattori Botanical Laboratory, 1994: 1013–1253.

Ochi H. A revised infrageneric classification of and related genera (Bryaceae, Musci). Bryobrothera, 1992, 1: 231–244.

Piippo S. Annotated catalogue of Chinese Hepaticae and Anthocerotae. J Hattori Bot Lab, 1990, 68: 1–192.

Pursell R A, Bruggeman–Nannenga M A. A revision of the infrageneric taxa of Fissidens. The Bryologist, 2004, 107: 1–20.

Ren Z J, Chen H F, Zhang S Z. The complete plastid genome of an Antarctic moss (Hook. f. & Wilson) Broth. (Dicranaceae, Dicranales). Mitochondrial DNA Part B, 2022, 7(4): 683–685.

Saito K. A monograph of Japanese Pottiaceae (Musci). J Hattori Bot Lab, 1975, 59: 241–278.

So M L, Zhu R L. Mosses and liverworts of Hong Kong (Volume 1). Hong Kong: Heavenly People Depot, 1995: 1–162.

So M L. (Hepaticae, Plagiochilaceae)in China. Systematic Botany Monographs, 2001, 60: 1–214.

So M L. The Genus (Hepaticae) in Asia. J Hattori Bot Lab, 2003, 94: 159–177.

Tan B C, Jia Y. A Preliminary Revision of Chinese Sematophyllaceae. J Hattori Bot Lab, 1999, 86: 1–70.

Touw A. A taxonomic revision of the Thuidiaceae (Musci) of tropical Asia, the western Pacific, and Hawaii. J Hattori Bot Lab, 2001, 91: 1–136.

Váňa J, Long D G. Jungermanniaceae of the Sino–Himalayan region. Nova Hedwigia, 2009, 89 (3–4): 485–517.

Watanabe R. Notes on the Thuidiaceae in Asia. J Hattori Bot Lab, 1991, 69: 37–47.

Wu P C, But P P H. Hepatic Flora of Hong Kong. Harbin: Northeast Forestry University Press, 2009: 1–193.

Wu P C, Crosby M R. Moss Flora of China: Vol 5. Beijing: Science Press; St. Louis: Missouri Botanical Garden, 2012: 1–422.

Wu P C, Crosby M R. Moss Flora of China: Vol 6. Beijing: Science Press; St. Louis: Missouri Botanical Garden, 2002: 1–221.

Wu P C, Crosby M R. Moss Flora of China: Vol 8. Beijing: Science Press; St. Louis: Missouri Botanical

Garden, 2005: 1–385.

Zander R H. The Potticaceae s. str. As an evolutionary lazarus taxon. J Hattori Bot Lab, 2006, 100: 58–162.

Zhu R L, So M L. Mosses and liverworts of Hong Kong (Volume 2). Hong Kong: Heavenly People Depot, 1996: 1–130.

Zhu Y Q, William R B, Wang Y F. A revision of (Entodontaceae) in East Asia. The Bryologist, 2010, 113(3): 516–589.

附录　景宁苔藓植物名录

　　本名录科的顺序按照 Frey（2009）系统排列，并略作修改；属和种按字母顺序排列；每个物种引证 1~3 号标本。共收录景宁苔藓植物 83 科 204 属 490 种，其中苔类植物门 33 科 55 属 152 种，角苔类植物门 2 科 2 属 2 种，藓类植物门 48 科 147 属 336 种。

苔类植物门 Marchantiophyta

一、裸蒴苔科 Haplomitriaceae

1. 圆叶裸蒴苔 *Haplomitrium mnioides* (Lindb.) R. M. Schust., R20342、X20220052

二、疣冠苔科 Aytoniaceae

2. 石地钱 *Reboulia hemisphaerica* (L.) Raddi, X0016、X1726–A、R21016

三、蛇苔科 Conocephalaceae

3. 蛇苔 *Conocephalum conicum* (L.) Dumort., X0030、X0128–D、X0114–D

4. 小蛇苔 *Conocephalum japonicum* (Thunb.) Grolle, X1659–1、X20220051

四、地钱科 Marchantiaceae

5. 楔瓣地钱原亚种 *Marchantia emarginata* Reinw., Blume & Nees subsp. *emarginata*, X0299–A、X1027

6. 楔瓣地钱东亚亚种 *Marchantia emarginata* Reinw., Blume & Nees subsp. *tosana* (Steph.) Bischl., X0195–A、X0306、X0338

7. 粗裂地钱风兜亚种 *Marchantia paleacea* Betrol. subsp. *diptera* (Nees & Mont.) Inoue, X1728、X20220038

8. 地钱 *Marchantia polymorpha* L., X0324、X0326、X0914–A

五、毛地钱科 Dumortieraceae

9. 毛地钱 *Dumortiera hirsuta* (Sw.) Nees, X0015–A、X0087、X0184

六、钱苔科 Ricciaceae

10. 叉钱苔 *Riccia fluitans* L., X0884–A

11. 钱苔 *Riccia glauca* L., R21074

12. 浮苔 *Ricciocarpos natans* (L.) Corda, 项目组未采到标本，吴东浩、梅旭东在大均乡泉坑拍到照片

七、小叶苔科 Fossombroniaceae

13. 小叶苔 *Fossombronia pusilla* (L.) Nees, X0123–C、X0292–E、X0295–C

八、南溪苔科 Makinoaceae

14. 南溪苔 *Makinoa crispata* (Steph.) Miyake, X0040–B、X0098–A、X0250–A

九、带叶苔科 Pallaviciniaceae

15. 带叶苔 *Pallavicinia lyellii* (Hook.) Gray, X0040–A、X0082–A、X0181

16. 长刺带叶苔 *Pallavicinia subciliata* (Austin) Steph., X0128–A、X0209–A、X0213–A

十、溪苔科 Pelliaceae

17. 溪苔 *Pellia epiphylla* (L.) Corda, X0095–A、X0201–A、X0302–A

18. 花叶溪苔 *Pellia endiviifolia* (Dicks.) Dumort., X0316、X0785–C

十一、叶苔科 Jungermanniaceae

19. 小萼叶苔 *Jungermannia parviperiantha* C. Gao & X. L. Bai, X0147–A

20. 疏叶叶苔 *Jungermannia* cf. *sparsofolia* C. Gao & J. Sun, X0091–B

21. 狭叶苔 *Liochlaena lanceolata* Nees, R20521

22. 短萼狭叶苔 *Liochlaena subulata* (A. Evans) Schljakov, X0269–A、R20376

23. 南亚被蒴苔 *Nardia assamica* (Mitt.) Amakawa, R20487–B、R20530

24. 假苞苔 *Notoscyphus lutescens* (Lehm. & Lindenb.) Mitt., X0182

25. 透明管口苔 *Solenostoma hyalinum* (Lyell.) Mitt., X0096–D

26. 褐绿管口苔 *Solenostoma infuscum* (Mitt.) Hentschel, X0886

27. 红丛管口苔 *Solenostoma rubripunctatum* (S. Hatt.) R. M. Schust., X0148–C

28. 截叶管口苔 *Solenostoma truncatu*m (Nees) Váňa & D. G. Long, X0142–A、X0188–A、X0485–A

十二、小萼苔科 Myliaceae

29. 疣萼小萼苔 *Mylia verrucosa* Lindb., X20220028

十三、全萼苔科 Gymnomitriaceae

30. 高山钱袋苔 *Marsupella alpina* (Gottsche ex Husn.) Bernet, R20532，之前网络发表锐裂钱袋苔 (*M. commutata*) 实为本种误定

十四、护蒴苔科 Calypogeiaceae

31. 刺叶护蒴苔 *Calypogeia arguta* Nees & Mont., X0376

32. 三角叶护蒴苔 *Calypogeia trichomanis* (L.) Cardot, R20501

33. 芽胞护蒴苔 *Calypogeia muelleriana* (Schiffn.) K. Müller, X0155–E

34. 钝叶护蒴苔 *Calypogeia neesiana* (C. Massal. & Carest.) K. Müller ex Loeske, X0941、R20472–B、X0974

35. 沼生护蒴苔 *Calypogeia sphagnicola* (Arnell. & Perss.) Wharnst & Loeske, X0415–D

36. 双齿护蒴苔 *Calypogeia tosana* (Steph.) Steph., X0041–B、X0175–B、X0268–A

十五、圆叶苔科 Jamesoniellaceae

37. 筒萼对耳苔 *Syzygiella autumnalis* (DC.) K. Feldberg., X0116–B、X0886

38. 东亚对耳苔 *Syzygiella nipponica* (S. Hatt.) K. Feldberg, R20588

十六、挺叶苔科 Anastrophyllaceae

39. 全缘褶萼苔 *Plicanthus birmensis* (Steph.) R. M. Schust., R20422、R20508、R20566

十七、大萼苔科 Cephaloziaceae

40. 薄壁大萼苔 *Cephalozia otaruensis* Steph.，X0230–D、X0267–B、X0614–E

41. 无毛拳叶苔 *Nowellia aciliata* (P. C. Chen & P. C. Wu) Mizut, X0261–B、X0586、R20328

42. 拳叶苔 *Nowellia curvifolia* (Dicks.) Mitt., X0614–B、R20360

43. 合叶裂齿苔 *Odontoschisma denudatum* (Nees) Dumort., X0624–A、R20329、R20391

44. 粗疣裂齿苔 *Odontoschisma grosseverrucosum* Steph., R20470

十八、拟大萼苔科 Cephaloziellaceae

45. 弯叶筒萼苔 *Cylindrocolea recurvifolia* (Steph.) Inoue, X0943、R20385、R20550

十九、折叶苔科 Scapaniaceae

46. 尖瓣折叶苔 *Diplophyllum apiculatum* (A. Evans) Steph., R20433

47. 多胞合叶苔 *Scapania apiculata* Spruce, X0892–B、X0893–B

48. 刺边合叶苔 *Scapania ciliata* Sande Lac., X0291–B、X0425–E、R20305–A

49. 柯氏合叶苔 *Scapania koponenii* Potemkin, X0261–A、X0611–A、R20480

50. 舌叶合叶苔多齿亚种 *Scapania ligulata* Steph. subsp. *stephanii* (K. Müller) Potemkin, X0635–A、X1251–A

51. 腐木合叶苔 *Scapania massalongoi* K. Müller, X0252–F、R20423

52. 细齿合叶苔 *Scapania parvitexta* Steph., X1125–A

53. 粗疣合叶苔 *Scapania verrucosa* Heeg., X0672–B、X0929–B、X1249

54. 斜齿合叶苔 *Scapania umbroda* (Schrad.) Dumort., X20210099

55. 合叶苔 *Scapania undulata* (L.) Dumort., R20549

二十、睫毛苔科 Blepharostomataceae

56. 小睫毛苔 *Blepharostoma minus* Horik., X0236–D、X0414–B、X0512–C

二十一、绒苔科 Trichocoleaceae

57. 绒苔 *Trichocolea tomentella* (Ehrh.) Dumort., X0454、X0461、R20539

二十二、指叶苔科 Lepidoziaceae

58. 日本鞭苔 *Bazzania japonica* (Sande Lac.) Lindb., X0425–A、X0494

59. 白边鞭苔 *Bazzania oshimensis* (Steph.) Horik., R20324

60. 小叶鞭苔 *Bazzania ovistipula* (Steph.) Abeyw., X0257–B、R20337、R20386

61. 三裂鞭苔 *Bazzania tridens* (Reinw., Blume & Nees) Trevis, X0041–A、X0083、X0173

62. 鞭苔 *Bazzania trilobata* (L.) S. Gray, R20498

63. 东亚指叶苔 *Lepidozia fauriana* Steph., X0271–B、X0616、R20520–A

64. 指叶苔 *Lepodozia reptans* (L.) Dumort, X0614–F、R20366–B、R20579

65. 硬指叶苔 *Lepidozia vitrea* Steph., X0265、X0684–A、R20343

二十三、剪叶苔科 Herbertaceae

66. 长角剪叶苔 *Herbertus dicranus* (Taylor) Trevis., X0246–A、X1298、R20375

二十四、羽苔科 Plagiochilaceae

67. 中华羽苔 *Plagiochila chinensis* Steph., X0223-A、X0285-D

68. 树生羽苔 *Plagiochila corticola* Steph., X0119-D、X0156-B、X0158-D

69. 小叶羽苔 *Plagiochila devexa* Steph., R20416

70. 长叶羽苔 *Plagiochila flexuosa* Mitt., X20220032

71. 裸茎羽苔 *Plagiochila gymnoclada* Sande Lac., X0229、R20447、R20486

72. 齿萼羽苔 *Plagiochila hakkodensis* Steph., X20210041-A

73. 尼泊尔羽苔 *Plagiochila nepalensis* Lindenb., X0234-A、X0708、R20312

74. 卵叶羽苔 *Plagiochila ovalifolia* Mitt., X0088-D、X0154-B、X0240-A

75. 圆头羽苔 *Plagiochila parvifolia* Lindenb., X0604、X1690、R21048

76. 大蠕形羽苔 *Plagiochila peculiaris* Schiffn., X20210331

77. 多齿羽苔 *Plagiochila perserrata* Herzog, X0689、X0695

78. 美姿羽苔 *Plagiochila pulcherrima* Horik., R20319、R20334、R20399

79. 沙拉羽苔 *Plagiochila salacensis* Gottsche, R20410、R20455

80. 刺叶羽苔 *Plagiochila sciophila* Nees ex Lindenb., X0418、X0536-A、X1696

81. 延叶羽苔 *Plagiochila semidecurrens* (Lehm. & Lindenb) Lindenb., X0228-A、R20505、R20592-A

82. 短齿羽苔 *Plagiochila vexans* Schiffn. ex Steph., R 20516、R20581

二十五、齿萼苔科 Lophocoleaceae

83. 尖叶裂萼苔 *Chiloscyphus cuspitatus* (Nees) J. J. Engel & R. M. Schust., X0696-A

84. 全缘裂萼苔 *Chiloscyphus integristipulus* (Steph.) J. J. Engel & R. M. Schust., X0861-A、X0811、X0812-B

85. 双齿裂萼苔 *Chiloscyphus latifolius* (Nees) J. J. Engel & R. M. Schust., X0701-C

86. 芽胞裂萼苔 *Chiloscyphus minor* (Nees) J. J. Engel & R. M. Schust., X0608-B

87. 裂萼苔 *Chiloscyphus polyanthos* (L.) Cord., X0123-B、X0152-E、X0155-G

88. 四齿异萼苔 *Heteroscyphus argutus* (Reinw., Blume & Nees) Schiffn., X0022、X0248、X0393-A

89. 双齿异萼苔 *Heteroscyphus coalitus* (Hook.) Schiffn., X0133-A、X0342、X0414-A

90. 平叶异萼苔 *Heteroscyphus planus* (Mitt.) Schiffn., X0199-A、X0608-A、R20364

91. 柔叶异萼苔 *Heteroscyphus tener* (Steph.) Schiffn., R20409、R20435

92. 南亚异萼苔 *Heteroscyphus zollingeri* (Gottsche) Schiffn., X0116-A

二十六、光萼苔科 Porellaceae

93. 多瓣苔 *Macvicaria ulophylla* (Steph.) S. Hatt., R20569-C、R21057

94. 尖瓣光萼苔 *Porella acutifolia* (Lehm. & Lindenb.) Trevis., X0519

95. 丛生光萼苔原变种 *Porella acutifolia* (Lehm. & Lindenb.) Trevis. var. *acutifolia*, X1613

96. 丛生光萼苔心叶变种 *Porella caespitans* (Steph.) S. Hatt. var. *cordifolia* (Steph.) S. Hatt., X0468-A、R20378

97. 丛生光萼苔日本变种 *Porella caespitans* (Steph.) S. Hatt. var. *nipponica* S. Hatt., X20210289

98. 中华光萼苔 *Porella chinensis* (Steph.) S. Hatt., X20210287

99. 细光萼苔 *Porella gracillima* Mitt., X20210127–1

100. 亮叶光萼苔 *Porella nitens* (Steph.) S. Hatt., X0753–A

101. 钝叶光萼苔 *Porella obtusata* (Taylor) Trevis, X0290–A

102. 毛边光萼苔原变种 *Porella perrottetiana* (Mont.) Trev. var. *perrottetiana*, X1621、X1623，之前网络发表尾尖光萼苔（*P. handelii*）实为本变种误定

103. 毛边光萼苔齿叶变种 *Porella perrottetiana* (Mont.) Trev. var. *ciliatodentata* (P. C. Chen & P. C. Wu) S. Hatt., R20427、R20507

104. 卷叶光萼苔 *Porella revoluta* (Lehm. & Lindenb.) Trev., X20210357

二十七、扁萼苔科 Radulaceae

105. 尖瓣扁萼苔 *Radula apiculata* Sande. Lac. ex Steph., X0923–A、X0924–A、X0656–A

106. 钝瓣扁萼苔 *Radula aquiligia* (Hook. f. & Taylor) Gottsche, X20210166

107. 大瓣扁萼苔 *Radula cavifolia* Hampe, R20340–B、R20377–A、R20484

108. 扁萼苔 *Radula complanata* (L.) Dumort., X0530–A、X0687–B

109. 日本扁萼苔 *Radula japonica* Gottsche. ex Steph., X0210–A、X0521–A

110. 尖叶扁萼苔 *Radula kojana* Steph., X0084、X0231–A、X0505–A

111. 芽胞扁萼苔 *Radula lindenbergiana* Gottsche. ex Hartm. f., X0585、X0683–B、X1554

二十八、耳叶苔科 Frullaniaceae

112. 尖叶耳叶苔 *Frullania apiculata* (Reinw., Blume & Nees) Dumort., X0256–E、X0473–D

113. 达乌里耳叶苔 *Frullania davurica* Hampe, X0599–B

114. 筒瓣耳叶苔 *Frullania diversitexta* Steph., R20509

115. 皱叶耳叶苔 *Frullania ericoides* (Nees ex Mart.) Mont., X0172

116. 凤阳山耳叶苔 *Frullania fengyangshanensis* R. L. Zhu & M. L. So, R20313、R20377–B、R20475–B

117. 暗绿耳叶苔 *Frullania fuscovirens* Steph., X20210338

118. 鹿儿岛耳叶苔湖南亚种 *Frullania kagoshimensis* Steph. subsp. *hunanensis* (S. Hatt.) S. Hatt. & P. J. Chen, R20397、R20475–A、X1703–A

119. 列胞耳叶苔 *Frullania moniliata* (Reinw., Blume & Nees) Mont., X0279–B、X0525–A、R20339

120. 盔瓣耳叶苔 *Frullania muscicola* Steph., X0066–C、X0347–B、X0571

121. 钟瓣耳叶苔 *Frullania parvistipua* Steph., R21046

122. 硬叶耳叶苔 *Frullania valida* Steph., R20586

二十九、毛耳苔科 Jubalaceae

123. 毛耳苔爪哇亚种 *Jubula hutchinsiae* (Hook.) Dumort. subsp. *javanica* (Steph.) Verd., X20210077–A

三十、细鳞苔科 Lejeuneaceae

124. 尼川原鳞苔 *Archilejeunea amakawana* Inoue, X0520–C

125. 粗茎唇鳞苔 *Cheilolejeunea trapezia* (Nees) Kachroo & R. M. Schust., R20420

126. 卷边唇鳞苔 *Cheilolejeunea xanthocarpa* (Lehm. & Lindenb.) Malombe, R20478

127. 距齿疣鳞苔 *Cololejeunea macounii* (Spruce ex Underw.) A. Evans, X0477–C、X0868

128. 列胞疣鳞苔 *Cololejeunea ocellata* (Horik.) Benedix., R20390

129. 刺疣鳞苔 *Cololejeunea spinosa* (Hook.) S. Hatt, X0366–C

130. 叶生角鳞苔 *Drepanolejeunea foliicola* Horik., R20386–B

131. 单齿角鳞苔 *Drepanolejeunea ternatensis* (Gottsche.) Schiffn., R20402–B、R20453–B

132. 湿生细鳞苔 *Lejeunea aquatica* Horik., X1655–A、R21070–A、X1653

133. 弯叶细鳞苔 *Lejeunea curviloba* Steph., X0426–E

134. 黄色细鳞苔 *Lejeunea flava* (Sw.) Nees, X0666、X0881、R20340–A

135. 日本细鳞苔 *Lejeunea japonica* Mitt., X0114–C、X0238–D、X1559

136. 尖叶细鳞苔 *Lejeunea neelgherriana* Gottsche, X0225–A、X0435–B、R20418

137. 小叶细鳞苔 *Lejeunea parva* (S. Hatt.) Mizut., R20525、R20545、R20563

138. 疏叶细鳞苔 *Lejeunea ulicina* (Taylor) Gottsche, X0132–C、X0679–A、R2035–A

139. 褐冠鳞苔 *Lopholejeunea subfusca* (Nees) Schiffn., R20402–A、R20407、R20462

140. 南亚鞭鳞苔 *Mastigolejeunea repleta* (Taylor) Steph., R20452–A

141. 皱萼苔 *Ptychanthus striatus* (Lehm. & Lindenb.) Nees, X0152–B、X0601–A、R20300

142. 多褶苔 *Spruceanthus semirepandus* (Nees) Verd., X0281–C、X108、R20566–A

143. 浅棕瓦鳞苔 *Trocholejeunea infuscata* (Mitt.) Verd., X0581–A、X0808、R20429

144. 南亚瓦鳞苔 *Trocholejeunea sandvicensis* (Gottsche) Mizut, X0069、X0350–A、X0103–A

三十一、紫叶苔科 Pleuroziaceae

145. 拟紫叶苔 *Pleurozia subinflata* (Austin) Austin, R20503、R20524、R20575

三十二、绿片苔科 Aneuraceae

146. 绿片苔 *Aneura pinguis* (L.) Dumort., X0006–A、X0125–A、X0290–O

147. 波叶片叶苔 *Riccardia chamaedryfolia* (With.) Grolle, R20317

148. 片叶苔 *Riccardia latifrons* (Lindb.) Lindb., X0231–B、X0267–D、R20385

149. 片叶苔 *Riccardia mulitifida* (L.) S. Gray, X0082–C

150. 掌状片叶苔 *Riccardia palmata* (Hedw.) Carr., X0527–A、X0929–A

三十三、叉苔科 Metzgeriaceae

151. 狭尖叉苔 *Metzgeria consanguinea* Schiffn., X20210011

152. 叉苔 *Metzgeria furcata* (L.) Dumort., X0248–B、X0402–A、X0605–A

角苔类植物门 Anthocerotophyta

一、角苔科 Anthocerotaceae

1. 台湾角苔 *Anthoceros angustus* Steph., X20220059

二、短角苔科 Notothyladaceae

2. 黄角苔 *Phaeoceros laevis* (L.) Prosk., X0228–C、X0334–A、X1005–A

藓类植物门 Bryophyta

一、泥炭藓科 Sphagnaceae

1. 暖地泥炭藓 *Sphagnum junghuhnianum* Dozy & Molk., X0097、R20325、X0989

2. 泥炭藓 *Sphagnum palustre* L., X0185–A、X0271–A、R20307

二、金发藓科 Polytrichaceae

3. 小仙鹤藓 *Atrichum crispulum* Schimp. ex Besch., X0450–A、R20544、X0990

4. 小胞仙鹤藓 *Atrichum rhystophyllum* (Müll. Hal.) Par., X0045–A、X0118–D

5. 仙鹤藓多蒴变种 *Atrichum undulatum* (Hedw.) P. Beauv. var. *gracilisetum* Besch., X0023、X0038–B、X0165

6. 刺边小金发藓 *Pogonatum cirratum* (Sw.) Brid., X0073、X0158–G、X0909–A

7. 东亚小金发藓 *Pogonatum inflexum* (Lindb.) Sande Lac., X005、X0044、X00373

8. 硬叶小金发藓 *Pogonatum neesii* (Müll. Hal.) Dozy, X0434–A

9. 南亚小金发藓 *Pogonatum proliferum* (Griff.) Mitt., X0094–A、X0271–C、X0615–A

10. 苞叶小金发藓 *Pogonatum spinulosum* Mitt., R20496、X2000

11. 台湾拟金发藓 *Polytrichastrum formosum* (Hedw.) G. L. Sw., X0686–A、R20534、X1513

12. 金发藓 *Polytrichum commune* Hedw., X0694–A、R20555、X0956

三、短颈藓科 Diphysciaceae

13. 东亚短颈藓 *Diphyscium fulvifolium* Mitt., X0049–A、X0258–A、X0558

四、葫芦藓科 Funariaceae

14. 钝叶梨蒴藓 *Endosthodon buseanus* Dozy & Molk., X0937–A、X1003

15. 葫芦藓 *Funaria hygrometrica* Hedw., X0017–B、X0138–B、X0959

16. 日本葫芦藓 *Funaria japonica* Broth., R20472–A

17. 小口葫芦藓 *Funaria microstoma* Bruch. ex Schimp., X20220002–A

18. 江岸立碗藓 *Physcomitrium courtoisii* Paris & Broth., X1649

19. 红蒴立碗藓 *Physcomitrium eurystomum* Sendtn., X0001、X0313、X0323

20. 立碗藓 *Physcomitrium sphaericum* (Ludw.) Fuernr., X0829–A

五、木衣藓科 Drummondiaceae

21. 中华木衣藓 *Drummondia sinensis* Müll. Hal., X0547–A、X0803

六、缩叶藓科 Ptychomitriaceae

22. 狭叶缩叶藓 *Ptychomitrium linearifolium* Reimers, X0141、X0218–A、X0218–A

23. 威氏缩叶藓 *Ptychomitrium wilsonii* Sull. & Lesq., X0567–A、X0777–A、X1319

七、紫萼藓科 Grimmiaceae

24.黄无尖藓 *Codriophorus anomodontoides* (Cardot) Bednarek–Ochyra & Ochyra, X0420、X0677–B、X1502

25. 丛枝无尖藓 *Codriophorus fascicularis* (Hedw.) Bednarek–Ochyra & Ochyra, R20548

26. 东亚长齿藓 *Niphotrichum japonicum* (Dozy & Molk.) Bednarek–Ochyra & Ochyra, X0091–A、X0092–B、X0122–A

八、无轴藓科 Archidiaceae

27. 中华无轴藓 *Archidium ochioense* Schimp. ex Müll. Hal., X0138–C

九、牛毛藓科 Ditrichaceae

28. 角齿藓 *Ceratodon purpureus* (Hedw.) Brid., X0062–B

29. 黄牛毛藓 *Ditrichum pallidum* (Hedw.) Hampe, X0674–A

十、小烛藓科 Bruchiaceae

30. 长蒴藓 *Trematodon longicollis* Michx., X0105–A、X0138–A、X0305–A

十一、小曲尾藓科 Dicranellaceae

31. 南亚小曲尾藓 *Dicranella coractata* (Müll. Hal.) Bosch & Sande Lac., X0063、X0065–B，X0360

32. 多形小曲尾藓 *Dicranella heteromalla* (Hedw.) Schimp., X0054–B、X0676–A、X0637–B

33. 变形小曲尾藓 *Dicranella varia* (Hedw.) Schimp., R20544、X1629

十二、曲背藓科 Oncophoraceae

34. 暖地高领藓 *Glyphomitrium calycinum* (Mitt.) Cardot, X0066–B、X0400、X0584

35. 泛生凯氏藓 *Kiaeria starkei* (E. Weber & D. Mohr) I. Hagen, X0275–B

36. 卷叶曲背藓 *Oncophorus crispifolius* (Mitt.) Lindb., X0770–D、R20368、R20442

37. 曲背藓 *Oncophorus wahlenbergii* Brid., X0459–A、X0469–B、X0595

38. 合睫藓 *Symblepharis vaginata* (Hook.) Wijk & Marg., X0159–D、X0160–A

十三、树生藓科 Erpodiaceae

39. 东亚苔叶藓 *Aulacopilum japonicum* Broth. ex Cardot, X0830–B, X1626

40. 钟帽藓 *Venturiella sinensis* (Vent.) Müll. Hal., X0833–B、X0836–B

十四、曲尾藓科 Dicranaceae

41. 日本曲尾藓 *Dicranum japonicum* Mitt., X0159–B、X0552、X0682

42. 曲尾藓 *Dicranum scoparium* Hedw., X0499、X0609–A、R20432

43. 长叶拟白发藓 *Paraleucobryum longifolium* (Hedw.) Loeske, X0011、X0071–B、X0178

44. 疣肋拟白发藓 *Paraleucobryum schwarzii* (Schimp.) C. Gao & Vitt., X0809–B

十五、白发藓科 Leucobryaceae

45. 白氏藓 *Brothera leana* (Sull.) Müll. Hal., X0059–A、R20500

46. 长叶曲柄藓 *Campylopus atrovirens* De Not, X0065–A、X0764–A、X0892–C

47. 曲柄藓 *Campylopus flexosus* (Hedw.) Brid., X0057–C、R20451、R20515

48. 辛氏曲柄藓 *Campylopus schimperi* J. Mild., X0672、X0678、R20464

49. 中华曲柄 *Campylopus sinensis* (Müll. Hal.) J. P. Frahm, X0677–A、X0863、X0867–C

50. 台湾曲柄藓 *Campylopus taiwanensis* Sakurai, X0515–B

51. 节茎曲柄藓 *Campylopus umbellatus* (Arnott) Paris, X0061、X0394、X0432

52. 青毛藓 *Dicranodontium denudatum* (Brid.) E. Britt., X0129、X0245–A、R20468

53. 钩叶青毛藓 *Dicranodontium uncinatum* (Harv.) A. Jaeger, X0909–B

54. 粗叶白发藓 *Leucobryum boninense* Sull. & Lesq., X0800

55. 狭叶白发藓 *Leucobryum bowringii* Mitt., X0048–B、X0183–A、X0415–B

56. 绿色白发藓 *Leucobryum chlorophyllum* Müll. Hal., X0015、X0259、X0504–A

57. 白发藓 *Leucobryum glaucum* (Hedw.) Aöngström, X0607

58. 爪哇白发藓 *Leucobryum javense* (Brid.) Mitt., X0058–A、X0074、X0166

59. 桧叶白发藓 *Leucobryum juniperoideum* (Brid.) Müll. Hal., X0049–B、X0071–A、X0219

60. 疣叶白发藓 *Leucobryum scabrum* Sande Lac., X1261–A

十六、花叶藓科 Calymperaceae

61. 日本网藓 *Syrrhopodon japonicus* (Besch.) Broth., X0047–A、X0138–A、X1165

十七、凤尾藓科 Fissidentaceae

62. 异形凤尾藓 *Fissidens anomalus* Mont., X0577–C

63. 小凤尾藓 *Fissidens bryoides* Hedw., X0174–B、X0325–B

64. 黄叶凤尾藓 *Fissidens crispulus* Brid., X0388、X0407、X0509–E

65. 卷叶凤尾藓 *Fissidens dubius* P. Beauv., X0029–A、X0118–A、X0171

66. 大叶凤尾藓 *Fissidens gradifrons* Brid., X20210021、X20210038

67. 二形凤尾藓 *Fissidens geminiflorus* Dozy & Molk., X0785–A、X1038、X1542

68. 黄边凤尾藓 *Fissidens geppii* M. Fleisch., X0861–B、R20455

69. 广东凤尾藓 *Fissidens guangdongensis* Z. Iwats. & Z. H. Li, R20415

70. 裸萼凤尾藓 *Fissidens gymnogynus* Besch., X0859

71. 内卷凤尾藓 *Fissidens involutus* Wilson ex Mitt., X0086–A、X0088–B、X0232

72. 曲肋凤尾藓 *Fissidens mangarevensis* Mont., X20210194、X20210206

73. 大凤尾藓 *Fissidens nobilis* Griff., X0010–A、X0037、X0202

74. 垂叶凤尾藓 *Fissidens obscurus* Mitt., R20354、X0977、X1474

75. 延叶凤尾藓 *Fissidens perdecurrens* Besch., X20210084

76. 鳞叶凤尾藓 *Fissidens taxifolius* Hedw., X0386–A、R20373

77. 南京凤尾藓 *Fissidens teysmannianus* Dozy & Molk., X0363、X0382–B、R20341

78. 拟小凤尾藓 *Fissidens tosaensis* Broth., X20210248

十八、丛藓科 Pottiaceae

79. 扭叶丛本藓 *Anoectangium stracheyanum* Mitt., X20210105

80. 小扭口藓 *Barbula indica* (Hook.) Spreng, R20573

81. 暗色扭口藓 *Barbula sordida* Besch., X1026–A、R21021

82. 扭口藓 *Barbula unguiculata* Hedw., X1577、X20210309

83. 钝叶扭口藓 *Barbula willamsii* (P. C. Chen) Z. Iwats. & B.C. Tan, X20210265

84. 陈氏藓 *Chenia leptophylla* (Müll. Hal.) R. H. Zander, X0325–A、X0884–B

85. 尖叶对齿藓 *Didymodon constrictus* (Mitt.) Saito, R20597、X1663–B

86. 反叶对齿藓 *Didymodon ferrugineus* (Schimp. ex Besch.) Hill, X0872–D

87. 硬叶对齿藓 *Didymodon rigidulus* Hedw., X0729–B

88. 铜绿净口藓 *Gymnostomum aeruginosum* Smith., X20220003–A

89. 立膜藓 *Hymenostylium recurvirostrum* (Hedw.) Dixon, X20210182

90. 卷叶湿地藓 *Hyophila involuta* (Hook.) A. Jaeger, X0054–A、X0303–B、X0362–B

91. 花状湿地藓 *Hyophil nymaniana* (M. Fleisch.) Menzel , X0031

92. 芽胞湿地藓 *Hyophila propagulifera* Broth., X0167–A、R20322

93. 狭叶拟合睫藓 *Pseudosymblepharis angustata* (Mitt.) Chen, X0297–C、X0391、X0495–A

94. 舌叶藓 *Scopelophila ligulata* (Spruce) Spruce, X0089

95. 折叶纽藓 *Tortella fragilis* (Hook. & Wilson) Limpr., X0143–F

96. 长叶纽藓 *Tortella tortuosa* (Hedw.) Limpr., X0158–C

97. 毛口藓 *Trichostomum brachydontium* Bruch, X0880、R21065

98. 皱叶毛口藓 *Trichostomum crispulum* Bruch, R20568、X1412

99. 平叶毛口藓 *Trichostomum planifolium* (Dixon) R. H. Zander, X20220027

100. 阔叶毛口藓 *Trichostomum platyphyllum* (Iisiba) P. C. Chen, X1046–A、R21066

101. 波边毛口藓 *Trichostomum tenuirostre* (Hook. f. & Taylor) Lindb., X0114–B、X0277–B、R20320

102. 芒尖毛口藓 *Trichostomum zanderi* Redf. & B. C.Tan, X1659–A

103. 褐叶小墙藓 *Weisiopsis anomala* (Broth. & Paris) Broth., R21056

104. 东亚小石藓 *Weissia exserta* (Broth.) P. C. Chen, X0327–B、X0375、X0382–A

105. 皱叶小石藓 *Weissia longifolia* Mitt., X0325–C、X0333–B、R21045

十九、虎尾藓科 Hedwigiaceae

106. 虎尾藓 *Hedwigia ciliata* Ehrh., X0626–A、X0855、X1611

二十、珠藓科 Bartramiaceae

107. 亮叶珠藓 *Bartramia halleriana* Hedw., X0285–B、R20439

108. 梨蒴珠藓 *Bartramia pomiformis* Hedw., X0155–B、X0428–A、X0985

109. 偏叶泽藓 *Philonotis falcata* (Hook.) Mitt., X0752、X0897–A

110. 泽藓 *Philonotis fontana* (Hedw.) Brid., X0389

111. 密叶泽藓 *Philonotis hastata* (Duby) Wijk & Marg., X0142–D、R21072–B

112. 细叶泽藓 *Philonotis thwaitesii* Mitt., X0004、X0029–B、X0033–A

113. 东亚泽藓 *Philonotis turneriana* (Schwägr.) Mitt., X0007、X0302–B、X0331–A

二十一、真藓科 Bryaceae

114. 芽胞银藓 *Anomobryum gemmigerum* Broth., X20210113-A

115. 纤枝短月藓 *Brachymenium exile* (Dozy & Molk.) Bosch & Sande Lac., X0327-D、X1172

116. 饰边短月藓 *Brachymenium longidens* Renauld & Cardot, X0594、X0633、R20393

117. 短月藓 *Brachymenium nepalense* Hook., X0744-A、X0842-B

118. 真藓 *Bryum argenteum* Hedw., X0062-A、X0355-A、R20321

119. 比拉真藓 *Bryum billarderi* Schwägr., X0039-B、X0120-A、X0210-B

120. 细叶真藓 *Bryum capillare* Hedw., X0361-C、R20401、R20512-A

121. 圆叶真藓 *Bryum cyclophyllum* (Schwägr.) Bruch & Schimp., X1513-1、X1655-B

122. 双色真藓 *Bryum dichotomum* Hedw., X0844、R20582、R20597-B

123. 韩氏真藓 *Bryum handelii* Broth., X20210284

124. 拟三列真藓 *Bryum pseudotriquetrum* (Hedw.) Gaertn., X0172-A、X0384

125. 垂蒴真藓 *Bryum uliginosum* (Brid.) Bruch & Schimp., X0299-B

126. 暖地大叶藓 *Rhodobryum giganteum* (Schwägr.) Par., X0144-A、X0215-B、X0440-A

127. 阔边大叶藓 *Rhodobryum laxelimbatum* (Ochi) Iwats. & T. J. Kop., X346-A

二十二、提灯藓科 Mniaceae

128. 小叶藓 *Epipterygium tozeri* (Grev.) Lindb., X0101-A、X0201、X20210190-A

129. 平肋提灯藓 *Mnium laevinerve* Cardot, X0113-A、X0130-A、X0387-A

130. 长叶提灯藓 *Mnium lycopodioides* Schwägr., X0155-C、X0574-B

131. 尖叶匐灯藓 *Plagiomnium acutum* (Lindb.) T. J. Kop., X0007-A、X0017-A、X0051

132. 匐灯藓 *Plagiomnium cuspidatum* (Hedw.) T. J. Kop., X0169、X0419-A、X0501

133. 全缘匐灯藓 *Plagiomnium integrum* (Bosch. & Sande Lac.) T. J. Kop., X0003-B

134. 日本匐灯藓 *Plagiomnium japonicum* (Lindb.) T. J. Kop., X0693、X0742

135. 侧枝匐灯藓 *Plagiomnium maximoviczii* (Lindb.) T. J. Kop., X0152-A、X0458-A、X0681-A

136. 具喙匐灯藓 *Plagiomnium rhynchophorum* (Hook.) T. J. Kop., X0146-D、X0287-B

137. 钝叶匐灯藓 *Plagiomnium rostratum* (Schrad.) T. J. Kop., X0124-A、X0128-A、X0145-A

138. 大叶匐灯藓 *Plagiomnium succulentum* (Mitt.) T. J. Kop., X0032-A、X0192-A、X0521-A

139. 瘤柄匐灯藓 *Plagiomnium venustum* (Mitt.) T. J. Kop., X0215-A、X0217-C、X0308

140. 圆叶匐灯藓 *Plagiomnium vesicatum* (Besch.) T. J. Kop., X20210008、X20210131

141. 泛生丝瓜藓 *Pohlia cruda* (Hedw.) Lindb., X0017-A、X0105-B、X0175-C

142. 疣齿丝瓜藓 *Pohlia flexuosa* Harv., X0982、X1376、X1704

143. 异芽丝瓜藓 *Pohlia leucostoma* (Bosch & Lac.) M. Fleisch., X0158-B

144. 黄丝瓜藓 *Pohlia nutans* (Hedw.) Lindb., X0867-A

145. 卵蒴丝瓜藓 *Pohlia proligera* (Kindb.) Lindb. ex Arn., R20567

146. 拟毛灯藓 *Rhizomnium pseudopunctatum* (Bruch & Schimp.) T. J. Kop., X0161-A

147. 毛灯藓 *Rhizomnium punctatum* (Hedw.) T. J. Kop., X0933

148. 具丝毛灯藓 *Rhizomnium tuomikoskii* T. J. Kop., X0266、X0467、R20344

149. 疣灯藓 *Trachycystis microphylla* (Dozy & Molk.) Lindb., X0200–A、X0545、X1590–B

150. 树形疣灯藓 *Trachycystis ussuriensis* (Maack & Regel) T. J. Kop., X0276

二十三、木灵藓科 Orthotrichaceae

151. 小疣毛藓 *Leratia exigua* (Sull) Goffinet, X0052–C、R20321–B

152. 细枝直叶藓 *Macrocoma sullivantii* (Müll. Hal.) Grout, R20348、X0876

153. 福氏蓑藓 *Macromitrium ferriei* Cardot & Ther., X0879–C

154. 缺齿蓑藓 *Macromitrium gymnostomum* Sull. & Lesq., R20459

155. 钝叶蓑藓 *Macromitrium japonicum* Dozy & Molk., X20210259

156. 长柄蓑藓 *Macromitrium microstomum* (Hook. & Grev.) Schwägr.，X0546–A、X0681–A、X0778

157. 长帽蓑藓 *Macromitrium tosae* Besch., X0053–A、X0069–A、X0583

158. 木灵藓 *Orthotrichum anomalum* Hedw., X0372–A、X0833–A

159. 丛生木灵藓 *Orthotrichum consobrium* Cardot, X0257、X0484

160. 南亚火藓 *Schlotheimia grevilleana* Mitt., X1170、X1719

161. 卷叶藓 *Ulota crispa* (Hedw.) Brid., X0529、X0680、R20488

162. 无齿卷叶藓 *Ulota gymnostoma* S. L. Guo, X0546–B

163. 东亚卷叶藓 *Ulota japonica* (Sull. & Lesq.) Mitt., X1625

二十四、桧藓科 Rhizogoniaceae

164. 大桧藓 *Pyrrhobeyum dozyanum* (S. Lac.) Manuel, X0088–A、X0441、X0463–A

二十五、卷柏藓科 Racopilaceae

165. 疣卷柏藓 *Racopilum convolutaceum* (Müll. Hal.) Reichdt., X0753–C

166. 薄壁卷柏藓 *Racopilum cuspidigerum* (Schwägr.) Åongström, X0012–A、X0024–A、X0214–A

二十六、孔雀藓科 Hypopterygiaceae

167. 短肋雉尾藓 *Cyathophorum hookerianum* (Griff.) Mitt., X0156–D

168. 树雉尾藓 *Dendrocyathophorum decolyi (*Broth. ex M. Fleisch.) Kruijer, R20413、X1274

169. 黄边孔雀藓 *Hypopterygium flavolimbatum* Müll. Hal., X0496–A、X0489、X1061–A

二十七、小黄藓科 Daltoniaceae

170. 厚角黄藓宽边变种 *Distichophyllum collenchymatosum* Cardot var. *pseudosinense* B. C. Tan & P. J. Lin, X0472、X0872–B

二十八、油藓科 Hookeriaceae

171. 尖叶油藓 *Hookeria acutifolia* Hook. & Grev., X0146–A、X0489、X0531–A

二十九、棉藓科 Plagiotheciaceae

172. 圆条棉藓 *Plagiothecium cavifolium* (Brid.) Z. Iwats., X0447–A、X0872–F、R20396

173. 直叶棉藓原变种 *Plagiothecium euryphyllum* (Cardot & Thér.) Z. Iwats. var. *euryphyllum*, X0137、X0153–A、X1107

174. 直叶棉藓短尖变种 *Plagiothecium euryphyllum* (Cardot & Thér.) Z. Iwats. var. *brevirameum* (Cardot) Z. Iwats., X0283、X0448、R20494-B

175. 垂蒴棉藓 *Plagiothecium nemorale* (Mitt.) A. Jarger, X0701-B、X0934、X1162

176. 圆叶棉藓 *Plagiothecium paleaceum* (Mitt.) A. Jaeger, R20358

177. 长喙棉藓 *Plagiothecium succulentum* (Wilson) Lindb., X0442-A

三十、碎米藓科 Fabroniaceae

178. 八齿碎米藓 *Fabronia cilliaris* (Brid.) Brid., X0353-B、X0356、X0358

三十一、柳叶藓科 Amblystegiaceae

179. 黄叶细湿藓 *Campylium chrysophyllum* (Brid.) J. Lange, X0888-B

180. 细湿藓 *Campylium hispidulum* (Brid.) Mitt., X0159-C,X0346-B

181. 紫色水灰藓 *Hygrohypnum purpurascens* Broth., X0433、R20363

三十二、薄罗藓科 Leskeaceae

182. 狭叶麻羽藓 *Claopodium aciculum* (Broth.) Broth., X0012-B、X0112-A、X0174-A

183. 大麻羽藓 *Claopodium assurgens* (Sull. & Lesq.) Cardot, R21058

184. 多疣麻羽藓 *Claopodium pellucinerve* (Mitt.) Best, X0702

185. 细枝藓 *Lindbergia brachyptera* (Mitt.) Kindb., X1150

186. 中华细枝藓 *Lindbergia sinensis* (Müll. Hal.) Broth., X0348、X0836、X0954-A

187. 尖叶拟草藓 *Pseudoleskeopsis tosana* Cardot, X0885

188. 拟草藓 *Pseudoleskeopsis zippelii* (Dozy & Molk.) Broth., X0535-A、X1317-C、X1682

189. 东亚附干藓 *Schwetschkea laxa* (Wilson) A. Jaeger, X0362-A、X0830-A、X0953

三十三、羽藓科 Thuidiaceae

190. 狭叶小羽藓 *Haplocladium angustifolium* (Hampe & Müll. Hall.) Broth., X0646-B

191. 细叶小羽藓 *Haplocladium microphyllum* (Hedw.) Broth., X0303-A、X0392-A、X0946

192. 大羽藓 *Thuidium cymbifolium* (Dozy & Molk.) Dozy & Molk., X0018、X0078、X0121-A

193. 细枝羽藓 *Thuidium* cf. *delicatulum* (Hedw.) Mitt., X0075-B

194. 拟灰羽藓 *Thuidium glaucinoides* Broth., X0427-B

195. 短肋羽藓 *Thuidium kanedae* Sakurai, X0025-A、X0503-A、X0404

196. 灰羽藓 *Thuidium pristocalyx* (Müll. Hal.) A. Jaeger, X0429-A、X0464、X0642

197. 短枝羽藓 *Thuidium submicropteris* Cardot, X0217-A、X0317

三十四、异枝藓科 Heterocladiaceae

198. 粗疣藓 *Fauriella tenuis* (Mitt.) Cardot, X0155-J、X0427-E、X0455-C

三十五、异齿藓科 Regmatodontaceae

199. 异齿藓 *Regmatodon declinatus* (Hook.) Brid., X1194、X1660-A

三十六、青藓科 Brachytheciaceae

200. 气藓 *Aerobryum speciosum* Dozy & Molk., X0131-B、X0144-B、X0481

201. 尖叶青藓 *Brachythecium coreanum* Cardot, R21061

202. 勃氏青藓 *Brachythecium brotheri* Par., X0496–B

203. 台湾青藓 *Brachythecium formosanum* Takaki, X0157–G

204. 圆枝青藓 *Brachythecium garovaglioides* Müll. Hal., X0328–C、X0336、X0951

205. 皱叶青藓 *Brachythecium kuroishicum* Besch., X20210165、X20210175

206. 柔叶青藓 *Brachythecium moriense* Besch., X0208、X0458–B、R20365

207. 毛尖青藓 *Brachythecium piligerum* Cardot, X0474–A、X0549–A、R20598

208. 华北青藓 *Brachythecium pinnirameum* Müll. Hal., X0068–B

209. 羽枝青藓 *Brachythecium plumosum* (Hedw.) Bruch & Schimp., X0676–D

210. 羽状青藓 *Brachythecium propinnatum* Redf., B. C. Tan & S. He, R20543

211. 青藓 *Brachythecium pulchellum* Broth. & Paris., X0054–D、X0421–B

212. 弯叶青藓 *Brachythecium reflexum* (Stark.) Bruch & Schimp., X0222–D、X1317–A

213. 卵叶青藓 *Brachythecium rutabulum* (Hedw.) Bruch & Schimp., X0110–B、X0286–A、X0466–A

214. 褶叶青藓 *Brachythecium salebrosum* (Web. & Mohr.) Bruch & Schimp., X0064、X0287–A、X0422–A

215. 钩叶青藓 *Brachythecium uncinifolium* Broth. & Par., X0028、R20539、X1185

216. 燕尾藓 *Bryhnia novae-angliae* (Sull. & Lesq.) Grout, X0133–B、X0142–C、X1314

217. 匙叶毛尖藓 *Cirriphyllum cirrosum* (Schwägr.) Grout, X0473–A、X0476–A

218. 短尖美喙藓 *Eurhynchium angustirete* (Broth.) T. J. Kop., X0157–I、X0473

219. 疣柄美喙藓 *Eurhynchium asperisetum* (Müll. Hal.) E. B. Bartram, X000X–D

220. 尖叶美喙藓 *Eurhynchium eustegium* (Besch.) Dixon, X0194–C

221. 宽叶美喙藓 *Eurhynchium hians* (Hedw.) Lac., R20355

222. 扭尖美喙藓 *Eurhynchium kirishimense* Takaki, X0008、X0038–A、X0106–A

223. 疏网美喙藓 *Eurhynchium laxirete* Broth., X0007–B、X0017–B、X0128–B

224. 羽枝美喙藓 *Eurhynchium longirameum* (Müll. Hal.) Y. F. Wang & R. L. Hu, X0127–B、X0914–C

225. 密叶美喙藓 *Eurhynchium savatieri* Schimp. ex Besch., X0377、X0386–B、R21062

226. 无疣同蒴藓 *Homaliothecium laevisetum* Lac., X0279–A

227. 鼠尾藓 *Myuroclada maximowiczii* (G. G. Borszcz.) Steere & W. B. Schofield., X1610

228. 短枝褶藓 *Okamuraea brachydictyon* (Cardot) Nog., X20220066

229. 长枝褶藓 *Okamuraea hakoniensis* (Mitt.) Broth., X0052–B、X0290–B、X0672–A

230. 深绿褶叶藓 *Palamocladium euchloron* (Müll. Hal.) Wijk & Margad., X0140–B、R21055

231. 褶叶藓 *Palamocladium leskeoides* (Hook.) E. Britton, X01596、X1661

232. 卵叶长喙藓 *Rhynchostegium ovalifolium* S. Okam., R20572

233. 淡叶长喙藓 *Rhynchostegium pallidifolium* (Mitt.) A. Jaeger, X0591–D

234. 生长喙藓 *Rhynchostegium riparioides* (Hedw.) Cardot , X0898–B

235. 匍枝长喙藓 *Rhynchostegium serpenticaule* (Müll. Hal.) Broth., X0872–A、X0860、R20338

236. 光柄细喙藓 *Rhychostegiella laeviseta* Broth., X20210004、X20210242

三十七、蔓藓科 Meteoriaceae

237. 毛扭藓 *Aerobryidium filamentosum* (Hook.) Fleisch.，X0679

238. 大灰气藓长尖变种 *Aerobryopsis subdivergens* (Broth.) Broth. subsp. *scariosa* (E. B. Bartr.) Nog.，X0381、X0823–A、R20374

239. 悬藓 *Barbella compressiramea* (Renauld. & Cardot) M. Fleisch.，X0691–C、R20450

240. 垂藓 *Chrysocladium retrorsum* (Mitt.) M. Fleisch.，X590–A、X0910–A、X0770–A

241. 美绿锯藓 *Duthiella speciosissima* Broth. ex Cardot，X1061–B

242. 假丝带藓 *Floribundaria pseudofloribunda* M. Fleisch.，X0630、R20303–A、R20477

243. 四川丝带藓 *Floribundaria setschwanica* Broth.，X0131–A、X0238–A、X0679–C

244. 东亚蔓藓 *Meteorium atrovariegatum* Cardot & Thér.，X1195、R21060

245. 细枝蔓藓 *Meteorium papillarioides* Nog.，X0747–B

246. 粗枝蔓藓 *Meteorium subpolytrichum* (Besch.) Broth.，R20395、X1703–A

247. 鞭枝新丝藓 *Neodicladiella flagellifera* (Cardot) Huttunen & D. Quandt，X0046、X0110–A、X015–A

248. 新丝藓 *Neodicladiella pendula* (Sull.) W. R. Buck，X0667–B

249. 短尖假悬藓 *Pseudobarbella attenuata* (Thwaites & Mitt.) Nog.，X0749–A、R20326

250. 假悬藓 *Pseudobarbella levieri* (Renauld & Cardot) Nog.，X0284–A、R20497、R20536

251. 拟木毛藓 *Pseudospiridentopsis horrida* (Cardot) M. Fleisch.，X0157、X0236–A、X0490

252. 小多疣藓 *Sinskea flammea* (Mitt.) W. R. Buck，X0070、R2035–A、R20425

253. 多疣藓 *Sinskea phaea* (Mitt.) W. R. Buck，X0688–C、R20518

254. 散生细带藓 *Trachycladiella sparsa* (Mitt.) Menzel，X0427–A、X0456、R20304

255. 扭叶藓 *Trachypus bicolor* Reinw. & Hornsch.，X0280–A、R20347、R20474

256. 小扭叶藓细叶变种 *Trachypus humilis* Lindb. var. *tenerrimus* (Herz.) Zant.，X20210141、X20210389

257. 长叶扭叶藓 *Trachypus longifolius* Nog.，X0256–A、X0685–A、X0648

三十八、灰藓科 Hypnaceae

258. 卷叶偏蒴藓 *Ectropothecium ohosimense* Cardot & Thér.，X0115–B、X0350–B、X505–B

259. 平叶偏蒴藓 *Ectropothecium zollingeri* (Müll. Hal.) A. Jaeger，X0032–B、X0194–B、R21069

260. 美灰藓 *Eurohypnum leptothallum* (Müll. Hal.) Ando，X1570、X1573

261. 厚角藓 *Gammiella pterogonioides* (Griff.) Broth.，X1545

262. 菲律宾粗枝藓 *Gollania philippinensis* (Broth.) Nog.，X20210081、X20210087

263. 皱叶粗枝藓 *Gollania ruginosa* (Mitt.) Broth.，X0136–A、X0140–A、X0582–A

264. 多变粗枝藓 *Gollania varians* (Mitt.) Broth.，X0154–C

265. 钙生灰藓 *Hypnum calcicolum* Ando，X0013–A、X0072、X0202–B

266. 拳叶灰藓 *Hypnum circinale* Hook.，R20417

267. 灰藓 *Hypnum cupressiforme* Hedw.，X1066

268. 东亚灰藓 *Hypnum fauriei* Cardot，X1066–B

269. 多蒴灰藓 *Hypnum fertile* Sendtn.，X0139–A、X0452–C

270. 长喙灰藓 *Hypnum fujiyamae* (Broth.) Paris, X0068–A

271. 弯叶灰藓 *Hypnum hamulosum* Schimp., X0292–D、R20383、R20387

272. 南亚灰藓 *Hypnum oldhamii* (Mitt.) A. Jaeger, X0252–A、X0455–A、X0694–B

273. 黄灰藓 *Hynum pallescens* (Hedw.) P. Beauv., X507–A

274. 大灰藓 *Hypnum plumaeforme* Wilson, X0009–A、X0026–A、X0164

275. 湿地灰藓 *Hypnum sakuraii* (Sak.) Ando, X0114–A、X022–A、X0922

276. 密叶拟鳞叶藓 *Pseudotaxiphyllum densum* (Cardot) Z. Iwats., X0999–A

277. 东亚拟鳞叶藓 *Pseudotaxiphyllum pohliaecarpum* (Sull. & Lesq.) Z. Iwats., X0093、X0180、X0254

278. 钝头鳞叶藓 *Taxiphyllum arcuatum* (Besch. & Sande Lac.) S. He, X0045–A、X0048–A、X0553

279. 鳞叶藓 *Taxiphyllum taxirameum* (Mitt.) M. Fleisch., X0106–B、X0112–B、R20574

280. 暖地明叶藓 *Vesicularia ferriei* (Cardot & Ther.) Broth., X20220025

281. 明叶藓 *Vesicularia montagnei* (Schimp.) Broth., X0117、X0194–A、X0300

282. 长尖明叶藓 *Vesicularia reticulata* (Dozy & Molk.) Broth., X0383、R21041

三十九、金灰藓科 Pylaisiaceae

283. 大湿原藓 *Calliergonella cuspidata* (Hedw.) Loeske, X1638

284. 东亚金灰藓 *Pylaisiella brotheri* (Besch.) Iwats. & Nog., X20210342

285. 丝金灰藓 *Pylaisiella levieri* (Müll. Hal.) T. Arikawa, X20220067

四十、毛锦藓科 Pylaisiadelphaceae

286. 扁枝小锦藓 *Brotherella complanata* Reimers & Sakurai, X0269–D

287. 赤茎小锦藓 *Brotherella erythrocaulis* (Mitt.) Fleisch., X20210035

288. 东亚小锦藓 *Brotherella fauriei* (Cardot) Broth., R20522、X1706、R21020

289. 南方小锦藓 *Brotherella henonii* (Duby) M. Fleisch., X0181、X0168、R20540

290. 垂蒴小锦藓 *Brotherella nictans* (Mitt.) Broth., X0257–C、X0683–A

291. 粗枝拟疣胞藓 *Clastobryopsis robusta* (Broth.) M. Fleisch., R20438、R20466

292. 三列疣胞藓 *Clastobryum glabrescens* (Z. Iwats.) B. C. Tan, Z. Iwats. & Norris, X0623–B

293. 腐木藓 *Heterophyllum affine* (Mitt.) Fleisch., X0668、X0879–A

294. 纤枝同叶藓 *Isopterugium minutirameum* (Müll. Hal.) A. Jaeger, X0090–B

295. 暗绿毛锦藓 *Pylaisiadelpha tristoviridis* (Broth.) O. M. Afonina, X0508–A、X0749–G

296. 短叶毛锦藓 *Pylaisiadelpha yokohamae* (Broth.) W. R. Buck, X0059–C、X0246–B、R20398

297. 弯叶刺枝藓 *Wijkia deflexifolia* (Renauld & Cardot) H. A. Crum, X0600、X0699–A、R20315

298. 角状刺枝藓 *Wijkia hornschuchii* (Dozy & Molk.) H. A. Crum, X0224–C、X0923–B、R20428

四十一、锦藓科 Sematophyllaceae

299. 顶胞藓 *Acroporium stramineum* (Reinw. & Hornsch.) M. Fleisch., X0096–C

300. 橙色锦藓 *Sematophyllum phoeniceum* (Müll. Hal.) M. Fleisch., X0749–H、X0750–B、R20513

301. 矮锦藓 *Sematophyllum subhumile* (Müll. Hal.) M. Fleisch., X0066–A、X0581–B、R20538

302. 锦藓 *Sematophyllum subpinnatum* (Brid.) E. Britt., X0311

四十二、塔藓科 Hylocomiaceae

303. 毛叶梳藓 *Ctenidium capillifolium* (Mitt.) Broth., X0683–A、R21051

304. 麻齿梳藓 *Ctenidium malacobolum* (Müll. Hal.) Broth., X0239、X0412、X0551

305. 羽枝梳藓 *Ctenidium pinnatum* (Broth. & Par.) Broth. X0080–A、X0150–A、X0606

306. 凹叶拟小锦藓 *Hageniella micans* (Mitt.) B. C. Tan & Y. Jia, R20491、X1251–B

307. 南木藓 *Macrothamnium macrocarpum* (Reinw. & Hornsch.) M. Fleisch., R20367、R20426

308. 小蔓藓 *Meteoriella soluta* (Mitt.) S. Okamura, X0686–B、R20479、R20533。

四十三、绢藓科 Entodontaceae

309. 柱蒴绢藓 *Entodon challengeri* (Paris) Cardot, X0109、X0179–A、X0322

310. 绢藓 *Entodon cladorrhizans* (Hedw.) Müll. Hal., X1665

311. 广叶绢藓 *Entodon flavescens* (Hook.) A. Jaeger, X0486、X0646–A、X0734–A

312. 长柄绢藓 *Entodon macropodus* (Hedw.) Müll. Hal., X0003–A、X0019、X1607

313. 亚美娟藓 *Entodon sullivantii* (Müll. Hal.) Lindb., X1067

314. 宝岛绢藓 *Entodon taiwanensis* C. K. Wang & S.H. Lin, X0392–B

315. 绿叶绢藓 *Entodon viridulus* Cardot, X0314、X0444–B

316. 螺叶藓 *Sakuraia conchophylla* (Cardot) Nog., X0622–A、X0688、R20306

四十四、隐蒴藓科 Cryphaeaceae

317. 毛枝藓 *Pilotrichopsis dentata* (Mitt.) Besch., R20594、X1701

四十五、白齿藓科 Leucodontaceae

318. 中华白齿藓 *Leucodon sinensis* Thér., X0067–A、X0170、R20569

319. 拟白齿藓 *Pterogoniadelphus esquirolii* (Thér.) Ochyra & Zijlstra, X0751–B、X0753–B

四十六、平藓科 Neckeraceae

320. 短残齿藓 *Forsstroemia yezoana* (Besch.) S. Olsson, X0477–A

321. 扁枝藓 *Homalia trichomanoides* (Hedw.) Brid., X0536–B、R21019

322. 拟扁枝藓 *Homaliadelphus targionianus* (Mitt.) Dixon & P. de la Varde, X0794–F、X1219–A

323. 小树平藓 *Homaliodendron exiguum* (Bosch & Sande Lac.) M. Fleisch., X20220001、X20210261

324. 刀叶树平藓 *Homaliodendron scalpellifolium* (Mitt.) M. Fleisch., X0135、X0237–A、X0478

325. 曲枝平藓 *Neckera flexiramea* Cardot, X0688–B、X0692、X0751–A

326. 八列平藓 *Neckera konoi* Broth., X0747–A

327. 南亚木藓 *Thamnobryum subserratum* (Hook.) Nog. & Z. Iwats., X0460、X1318、X1643

四十七、船叶藓科 Lembophyllaceae

328. 尖叶拟船叶藓 *Dolichomitriopsisi diversiformis* (Mitt.) Nog., X0154–A、X0155–A、X0670–A

329. 异猫尾藓 *Isothecium subdiversiforme* Broth., X0603–A、X0684、R20412

四十八、牛舌藓科 Anomodontaceae

330. 尖叶牛舌藓 *Anomodon giraldii* Müll. Hal., X20210246

331. 小牛舌藓 *Anomodon minor* (Hedw.) Lindb., X01218、X1219−C

332. 皱叶牛舌藓 *Anomodon rugelii* (Müll. Hal.) Keissl., X20210391、X20220022

333. 羊角藓 *Herpetineuron toccoae* (Sull. & Lesq.) Cardot, X0532、X0698−B、X1589

334. 拟多枝藓 *Haplohymenium pseudo-triste* (Müll. Hal.) Broth., X0403−B、X0588

335. 暗绿多枝藓 *Haplohymenium triste* (Cés.) Kindb., X0052−A、X0541、R20431

336. 拟附干藓 *Schwetschkeopsis fabronia* (Schwägr.) Broth., R21025

中文名索引

拉丁名索引